广东农业技术服务“轻骑兵”实用技术丛书

猪繁殖性能提升技术

广东省农业技术推广中心◎组编

SPM 南方传媒
广东科技出版社
全国优秀出版社
·广州·

图书在版编目（CIP）数据

猪繁殖性能提升技术 / 广东省农业技术推广中心组编.
—广州：广东科技出版社，2023.6
（广东农业技术服务“轻骑兵”实用技术丛书）
ISBN 978-7-5359-8058-8

Ⅰ.①猪…　Ⅱ.①广…　Ⅲ.①猪—饲养管理　Ⅳ.①S828

中国国家版本馆CIP数据核字（2023）第028870号

猪繁殖性能提升技术
Zhu Fanzhi Xingneng Tisheng Jishu

出 版 人：严奉强
项目策划：区燕宜
责任编辑：区燕宜
封面设计：柳国雄
责任校对：陈　静
责任印制：彭海波
出版发行：广东科技出版社
（广州市环市东路水荫路11号　邮政编码：510075）
销售热线：020-37607413
https://www.gdstp.com.cn
E-mail：gdkjbw@nfcb.com.cn
经　　销：广东新华发行集团股份有限公司
排　　版：创溢文化
印　　刷：广州市彩源印刷有限公司
（广州市黄埔区百合三路8号　邮政编码：510700）
规　　格：889 mm × 1 194 mm　1/32　印张2.875　字数60千
版　　次：2023年6月第1版
2023年6月第1次印刷
定　　价：23.00元

广东农业技术服务“轻骑兵”实用技术丛书
（畜牧篇）
指导委员会

《猪繁殖性能提升技术》
编写委员会

主　　编： 刘建营　广东省农业技术推广中心

曾小娜　法国诗华动物保健公司、华南农业大学、韶关学院英东生物与农业学院

王　陟　广东省农产品质量安全中心

副 主 编： 夏向荣　法国诗华动物保健公司

张　军　法国诗华动物保健公司

编写人员： 李品红　广东省农业技术推广中心

李　亮　广东省农业技术推广中心

曹　旭　法国诗华动物保健公司

戴江河　法国诗华动物保健公司

黄　泽　法国诗华动物保健公司

李万猛　法国诗华动物保健公司

李彦超　法国诗华动物保健公司

毛　燕　法国诗华动物保健公司

王秀锦　法国诗华动物保健公司

周　维　法国诗华动物保健公司

主编简介

Zhubianjianjie

刘建营，高级兽医师。《广东养猪业》副主编、广东省奶业协会副秘书长。主要从事种猪、奶牛生产性能测定，畜禽养殖、粪污处理及无害化利用新技术推广，畜牧（奶业）生产管理等工作。

曾小娜，华南农业大学–韶关学院博士后创新实践基地在站博士后，法国诗华动物保健公司猪事业部华南区经理。曾就职于恒丰强生物技术有限公司、辉瑞公司、硕腾动物保健公司等。服务于养殖一线企业13年，有丰富的养殖服务经验。

王陟，广东省农产品质量安全中心副主任、高级农艺师。获得广东省农业技术推广奖1项，发表论文6篇。参与编写《中国有机水稻标准化生产十大关键技术与集成应用模式指南》、国家农业行业标准NY/T2410—2013《有机水稻生产质量控制技术规范》解读和《中国有机水稻田培肥与科学精准施肥技术应用指南》。

前　言

Qianyan

近年来，我国生猪养殖的规模化程度越来越高。按照农业农村部组织制定的《畜禽养殖标准化示范创建活动工作方案（2018—2025年）》要求，到2025年全国要创建1 000家现代化的畜禽养殖标准化示范场。随着中小型养殖场和散养户正逐步退出市场，加上2018年传入我国的非洲猪瘟对养猪业造成严重伤害，农业农村部近些年逐步强化对动物疫病净化工作的要求，批次化生产管理在我国猪场得到广泛应用。猪场批次化生产管理是以改变生产工艺为基础，不断提高猪群生产效率，从而提升猪场养殖效益的生产管理模式。该管理模式的核心是母猪批次化生产，而母猪批次化生产的核心是同期发情技术的应用。

同期发情是指利用某些激素制剂人为地控制并调整一群母畜发情周期的进程，使之在预定时间内集中发情。使用的激素有两种，一种是孕激素，另一种是前列腺素。同期发情技术的应用方便了养殖场的组织和管理生产。母猪经群体同期发情处理后，可同期配种，之后的妊娠、分娩、新生仔猪的管理、育肥、出栏等一系列饲养管理环节都可按时间表有计划地进行，从而减少管理开支、降低生产成本。

为做好猪场同期发情工作，编者基于国内外养猪生产现状，提供了两种方案，并分别对其优缺点进行了剖析。鉴于在猪场繁育工作中经常会碰到的实际问题，本书分别从公猪、后备母猪、经产母猪等方面进行问题排查，并专门设置了相应的问题自查表，养殖者可根据自查结果，了解猪场繁育现状并发现问题。设置有针对性的问题自查表，也是本书编写的重点和亮点。同时，为增强实战性和可操作性，本书还专门设置了案例分享，读者可以参照案例，学习并将之加以实践。

本书在编写过程中得到华南农业大学、农业农村部种猪质量监督检验测试中心（广州）、佛山科学技术学院、法国诗华动物保健公司等单位专家团队的大力支持，在此一并表示感谢！

由于编者水平有限，加之编写时间仓促，书中难免有疏漏不妥之处，敬请批评指正。

编　者

2023年3月

目　　录

Mulu

第一章

猪繁殖性能提升技术简介

猪繁殖性能提升技术是一种可以控制母猪发情和排卵的技术，该技术可以根据固定的时间计划来安排受精，对于全世界范围内正在使用母猪批次管理的猪场非常实用。该技术不仅节省了劳动力，还可批次化生产出大量均匀的猪只。此外，后备母猪和经产母猪的卵泡发育也可以通过使用激素来控制，如烯丙孕素。

批次化生产已成为规模化养猪场的常用管理工具，其将猪场各生产环节有序联系在一起，可以按计划有组织地开展生产、提高效率、增加效益。目前，有两种同期发情的方案适用于后备母猪和经产母猪（“法式”方案简称A方案，“德式”方案简称B方案）。对于后备母猪，这些方案的总体目标是在限定时间内提供足够的后备母猪用于更新。

一、后备母猪同期发情A方案

遵循母猪的生理特点，针对有过初情记录的后备母猪，可以采用连续服用18天烯丙孕素（每头后备母猪每天饲喂5毫升或20毫克）抑制卵泡生长的方法，在停药后5～7天这3天后备母猪就可以集中发情，然后基于发情表现进行配种。A方案的目的是“同期发情”，需要让后备母猪连续服用烯丙孕素，然后在最后一次烯丙孕素给药后第36～48小时进行马绒毛膜促性腺激素（eCG）处理。预计在处理后的4天内后备母猪出现发情，配种人员可基于发情表现进行配种。

二、后备母猪同期发情B方案

本质上，这两种基于烯丙孕素的方案都可以用于后备母猪的同期发情。但在B方案中，eCG处理78～80小时后，需要使用促性腺激素释放激素（GnRH）类似物或人绒毛膜促性腺激素（hCG）来诱导排卵，然后进行两次定时输精。

三、A方案与B方案的对比

1. A方案的优点

A方案只需用烯丙孕素这一种激素，用于阻止性成熟后备母猪的卵泡生长，以实现同期发情，具有成本效益优势，不需进行额外激素［如孕马血清促性腺激素（PMSG）或GnRH］的处理。因后备母猪在第二次或第三次发情时排卵率比第一次发情更高，子宫容量也更大，因此选择有初情记录的后备母猪受精会达到最佳的产仔数，可以产生高达每窝多一头仔猪的效益，此外，A方案的处理成本较低，最终投资回报更高。

2. A方案的缺点

A方案需要查情，对初情期前的后备母猪进行适当的发情刺激和查情，这也是确保最佳产仔数、母猪终生性能和使用年限的必要手段。

3. B方案的优点

B方案技术要求不高，具有可以统一操作（查情、定时输精等），减少使用公猪进行刺激和查情等优点，是在不知道母猪成熟度（初情期）时管理后备母猪的唯一办法。

4. B方案的缺点

B方案需要额外的几种激素进行处理，会增加处理成本，额外的几种激素注射和操作可能会对后备母猪造成应激，如果处理无初情期（初情期前）的后备母猪，可能对产仔数、母猪终生性能和使用年限不利。

第二章

猪的查情配种操作技术

母猪的发情周期（性周期）为21±3天，分为四个阶段。第一阶段为发情前期，断奶后第3～4天开始，持续1～2天，从母猪有发情表现或外阴开始肿胀到接受公猪爬跨为止。第二阶段为发情期，断奶后第4～7天开始，持续2～3天，从母猪接受公猪爬跨到拒绝公猪爬跨为止，母猪表现为不安、跳栏、嘶叫、少食、爬跨、频尿、外阴充血、黏液外溢、触摸背部举尾不动、接受公猪爬跨等。第三阶段为发情后期，从拒绝公猪爬跨到发情征象完全消失。第四阶段为休情期，从这次发情征象消失到下次发情征象出现。

在母猪的发情周期中，采用查情配种操作技术，可以使优秀种公猪的遗传基因迅速扩大，使其后代生产性能迅速提高，加速品种改良，同时大大提高了种公猪的利用率。该技术只需保留极少数的优秀公猪个体，即可满足繁殖需要，节省因饲养大量公猪而产生的饲料及管理费用。查情配种操作技术要求熟练操作和严格遵守操作规范，这样才能发挥其巨大的优越性。

一、配种前操作

目前在严格的生物安全管理模式下，直接使用公猪进行诱情风险较高，通过使用公猪气味剂对母猪进行诱情操作，可降低生物安全风险。接下来的内容均在无公猪直接诱情的背景下进行。

1. 诱情操作

通过诱情操作，可以使待配的后备母猪或断奶母猪顺利、快速地进入发情期。后备母猪在165日龄及以上就可以进行诱情操作，母猪会在诱情操作开始后20天内有首次发情表现。需要对后备母猪每天进行至少一次诱情操作，同时做好发情记录（表2–1），为后续筛选母猪投喂烯丙孕素提供参考。有过一次发情记录的后备母猪，其发情率和受胎率会明显高于无发情记录的后备母猪。

断奶母猪在下产床后第2天，同样需要进行诱情操作，以提高断奶母猪的发情率。

表2-1 后备母猪发情记录

序号	栏位	母猪耳号	第一次发情时间	第二次发情时间
1				
2				
3				

2. 饲喂操作

应该选择体重达到135千克及以上的性成熟母猪进行投药。建议根据母猪的体况评分调整饲喂量。

在限位栏或产床上配种的母猪可以采用烯丙孕素拌料进行饲喂，不需要调教，每天喂料时投喂烯丙孕素（每头母猪每天饲喂5毫升或20毫克，连续18天），停药后可以达到同期发情，并且提高发情率。对于在大圈饲养的母猪，以自由采食为主，并且需要对大圈母猪进行调教（使用苹果汁或者葡萄糖水连续调教一周，使大圈母猪习惯连续饲喂枪喂料），调教结束后每天喂料时投喂烯丙孕素（每头母猪每天饲喂5毫升或20毫克，连续18天），停药后可以达到同期发情，并且提高发情率。

二、配种前准备工作

1. 光照

在配种期间，应该保证待配种车间的光照时间达16个小时，光照强度为200勒克斯。灯光要安装在母猪头部上方，每天准时开灯和关灯，保证光照强度的稳定。如果光照不足会引起后备母猪脑松果体分泌的褪黑素增多，从而抑制促性腺激素释放激素的分泌，进而抑制卵泡发育并推迟母猪的发情期。

2. 精液

保证精液的质量是提高生产效益的第一步，精液非常脆弱，怕冷、怕热、怕光、怕震动。精液到场后要先检测精液的数量、密度和活力，然后放入17℃恒温冰箱保存备用。精液存放期间，每隔12小时，应该180°旋转精液袋正面，因为在长时间的静止状态下，每袋精液内的精子比袋内的精清和稀释液更重，会沉积在下方，精子所产生的代谢废物也会沉积在下方，这些代谢废物会导致精子无法吸收营养物质而降低活性。精液储存的最佳时间为3天，储存时间每延长1天，总产仔数减少0.3头。每次使用精液前，要用显微镜抽检精子活力，活力大于70%的才采用，检查时需预热，尽量不要使用储存时间超过5天的精液。

在配种期间，无论精液数量多少，都必须使用保温箱运输及保存，夏季应该在保温箱内放置17℃的水袋，冬天应放置17℃的保温袋。在配种时取出精液后，应及时关上保温箱。每次携带的精液尽量在30分钟内用完。

3. 人员

在实际配种过程中，应安排配种熟练的老员工参与配种。实习生应避免直接参与首配，可以先参与复配和三配练习，熟练掌握配种技巧后，再参与首配。场长和主管在配种过程中应该多观察注意其他人配种的手法与细节，及时纠正错误操作，否则就算个体配种成绩再好，而整体成绩不达标，最终还是会影响整体的生产效益。

每次配种结束，进行B超妊娠检查后，一定要进行配种人员成绩分析，统计出每个人的受胎率成绩。多次受胎率高的员工应该多进行首配，多次受胎率低的员工应该多进行复配和三配练习。同时定期加强员工知识技能培训，从而提高母猪的整体受胎率。

三、查情操作技术

在采用人工授精技术进行配种的猪场，生产中对母猪发情时间进行准确及时的判断并适时地输入公猪精液，可确保母猪良好的受胎率和产仔数。

1. 查情原则

在目前生物安全防控背景下，配种期间可以使用公猪气味剂对母猪进行查情。公猪气味剂的使用操作与诱情相同，原则上要保证在公猪气味剂作用失效前完成对母猪的配种工作。最好保证在公猪气味剂喷入母猪鼻腔后30分钟内完成所有母猪的配种。

2. 发情判断

判断母猪是否发情有3个标准：静立反射、阴户红肿、流出黏液。使用公猪查情时，静立反射的效果特别明显，所以将其作为第一标准，其次才是阴户红肿与流出黏液。如果使用公猪气味剂，母猪的静立反射不明显时，则将阴户红肿与流出黏液作为第一标准，其次才是静立反射。

3. 查情方法

可以通过压背、震动阴户、提拉腹股沟等方式对母猪进行查情。对于经产母猪或者配过种的母猪，一开始就可以用力压背以给予有效刺激。对于没有接触过公猪及没有配过种的后备母猪，第一下压背应该轻轻地抚摸，待母猪适应刺激后再慢慢增加力度，以免造成误判。对于经过各种催情方法还没有发情的超期母猪，在断奶后第18天注射前列腺素（PG），12天内如果不发情，则淘汰处理。

4. 影响母猪发情的因素及改善方法

影响母猪发情的因素主要有4个：①后备母猪过肥或过瘦导致

雌激素分泌不足，发情症状不明显；②断奶母猪在哺乳期背膘损失过大，导致母猪过瘦，则发情推迟；③哺乳期带仔数过少（＜5头），哺乳期过长，导致母猪在产床已发情；④诱情催情刺激强度不够，母猪发情也会推迟。

改善发情的方法主要有6个：①按流程认真做好诱情查情，断奶或停喂烯丙孕素后一天两次诱情；②断奶后应增加光照，使用LED灯带，光照强度250勒克斯，光照16小时，黑暗8小时；③断奶后饲喂哺乳料，自由采食，快速恢复体况；④断奶后在饲料中添加葡萄糖粉，每头母猪每天120～200克；⑤进行混群运动，改变外部环境；⑥对母猪使用激素处理。

四、配种操作技术

先统一查情，全部查完后集中转群，集中配种。配种在查情准确后1小时开始，促使母猪重新静立可以提高精液吸收效果。尤其是在人员充足的情况下，查到后备母猪发情即可配种，首配后再集中配种母猪进行复配。

1. 清洁阴户

首先，清洁母猪的外阴部分。利用纸张的硬度与摩擦将可见的粪便污物从外阴擦掉。然后，清洁母猪的内阴部分。具体做法为中指贴在外阴下方，拇指和食指、无名指和小指，分别将外阴向两边完全打开，暴露内阴，再用纸巾擦拭干净。注意力度轻柔，不能造成内阴受伤。

2. 常规输精

后备母猪采用常规输精。使用常规输精管时，先将海绵头处的塑料袋打开，将塑料袋退下10厘米左右，用手捏住此处（避免手捏位置太远引起抖动），然后将润滑剂悬空挤压在海绵头上（不能接触以免污染）。然后按照擦拭内阴的手势完全暴露内阴，再将常规输精管斜向上45°插入阴道内10厘米，边插入边退下包装的塑料袋（避免手接触输精管），待海绵头进入阴道后，将输精管平行于猪只背部插入达到子宫颈，当输精管插入遇到阻力，且回拉有阻力时，代表海绵头已抵住子宫口，插入到位。

3. 深部输精

经产母猪采用深部输精。深部输精管由一根透明的外管加一根比外管长且比外管细的内管，以及一个大号海绵头组成。使用深部输精管时，先将内管头与外管头平行，让内管从后端脱出，然后其余操作与常规输精方式相同。如果深部输精管的内管始终无法插入经产母猪子宫内，可以采用常规输精的方式进行输精。

在进行深部输精时，当外管海绵头抵住经产母猪子宫口后，分别握住外管最后端及内管暴露出来的最前端，一点一点将内管从子宫口插入子宫内，如果一开始就插不动，则等待30秒后再插，可能是因为猪只发情、紧张等导致子宫口闭合，此时应不再触碰猪只，待其放松后再插，插内管时动作同样要轻柔。当内管最后端与外管最后端能卡住时，代表插入到位。

4. 输送精液

应该选择天气比较凉爽的早上进行查情配种。从保温箱内取出精液后，不能剧烈摇晃、不能长时间暴露阳光中、不能用手紧握精液袋。此外，应该检查精液生产时间，并记录公猪耳号。

输精前将精液袋缓慢上下颠倒几次，充分混匀精液。注意将精液出口与输精管接口处进行固定，防止因母猪运动导致分离。

输精时手法有2种：第一种，反复折叠法，将精液袋尾部一直向前折叠输精；第二种，手指移动法，用食指贴住精液袋尾部的背面，将多余的精液袋沿食指弯曲，缓慢推动精液。注意避免直接用手挤压精液。

常规输精时间应控制在3分钟以上，以5～8分钟为宜，并且不能主动将精液挤出，因为常规输精管的海绵头还停留在阴道内，如果输精过快，精液来不及进入子宫内，容易形成倒流。深部输精时间应该控制在30秒内，可以主动施加力度将精液挤出，减少输精内管在子宫内的停留时间，避免子宫发生排异反应导致炎症。

5．刺激母猪

如果没有直接使用公猪查情配种，且母猪的静立反射应不强，此时可以使用公猪夹来模拟公猪爬跨，同时可以使用膝盖震动母猪腹部，用手提拉母猪腹股沟，以及用手抚摸母猪阴户。以上操作也能刺激后备母猪对精液的吸收。

6．配后操作

常规输精结束后，取下精液袋，将输精管后端折叠，套上精液袋上预留的孔洞来防止精液倒流，同时让输精管前端停留在猪只体内30分钟后再取出。

深部输精结束后，先取出内管，再将输精管外管后端折叠，套上精液袋，防止精液倒流，让输精管外管停留在猪只体内30分钟后再取出。

每头母猪配种结束后，对其做好配种记录，填写母猪配种信息记录表（表2–2），备注是否有倒流、炎症、出血等情况，以方便后续数据分析。

保证每头母猪都进行首配和复配，再根据猪只第三天发情情况判断是否进行三配。配种倒流超过20%的母猪，需要重新输入一瓶精液，此时可以更换为大号海绵头，降低输精高度，多刺激母猪吸收。

配种后第3～28天应避免转群、免疫等可能造成猪只应激的行为，因为此时胚胎处于游离状态，尚未着床，任何应激都可能造成胚胎死亡，进而导致窝产仔数降低或妊娠失败。

表2-2 母猪配种信息记录

序号	栏位	母猪耳号	与配公猪	配种人员	配种千日历	预产期
1						
2						
3						

五、配种后管理技术

1. 采食管理

配种后，母猪采食的饲料和水源应该避免发霉、变质或污染，胚胎发育过程中，饲料和水源中的细菌或霉菌毒素会引起死胎或木乃伊胎。

2. 孕检管理

母猪配种后第25～28天进行第一次B超孕检，此时孕囊最明显，呈现规则的圆形黑洞，最容易判断。对第一次孕检时没有查到明显孕囊的母猪，需要间隔1～3天后再次孕检，倘若还是查不到明显孕囊，则判断为妊娠阴性。配种后第35～40天进行第二次B超孕检，随着孕囊的发育，此时的孕囊变得不规则，可以选择下腹部倒数第二乳头、第三乳头与腹股沟构成的三角形区域进行B超探查。

第三章

猪的繁殖现场管理技术

虽然合理地使用激素有助于我们顺利完成猪的查情配种工作，但激素的不恰当使用反而会带来新的问题。因此，我们应先从对猪的管理措施入手，从源头上解决查情配种中的问题，但当管理措施未能解决问题或优化生产时，可以通过合理使用激素进行处理。这里提供了一些检查清单可以帮助我们发现可能影响生产的管理因素，并提出相应的激素改善方案。

一、公猪问题排查

1. 公猪存在性欲问题（不爬跨假母猪）

公猪爬跨假母猪操作示意见图3-1，公猪性欲问题自查见表3-1。

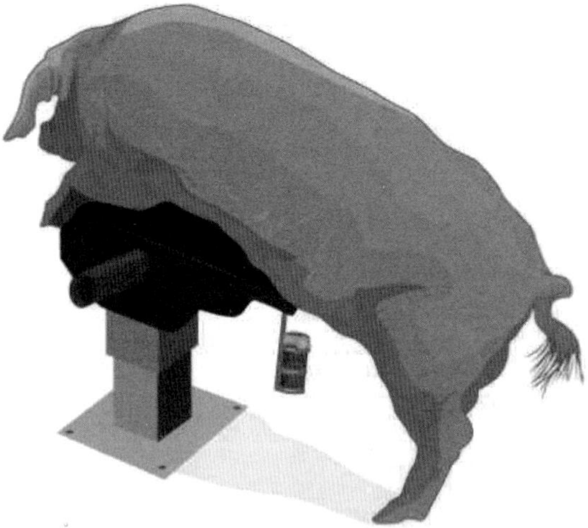

图3-1 公猪爬跨假母猪

表3-1　公猪性欲问题自查

序号	问题	是	否
1	公猪的年龄合适吗？例如6～8月龄为合适。		
2	训练公猪的人从进场到首次尝试训练，达到7天了吗？		
3	训练人员给公猪免疫和采血所以获得了公猪信任？		
4	训练公猪的人是否合格？		
5	假母猪的气味正确吗？		
6	假母猪最近是否被其他公猪使用过？		
7	假母猪的高度是否合适，总是低于公猪的视线高度？		
8	公猪栏、采精室、训练室内的地板干燥且不滑。		
9	清理公猪栏时对公猪无攻击行为。		
10	是否在采精室和公猪栏内进行过训练？		
11	训练室内无稻草、粪便或玩具等可能分散公猪注意力的物品。		
12	是否有重复的声音刺激公猪？例如“上、上、上”或“继续、继续、继续”等。		
13	假母猪是否移动（如类似母猪的静立反射）？		
14	公猪训练是否试过10多次了？		
15	每次训练公猪是否持续10～20分钟？		
16	公猪每周是否连续休息2天？		
17	如果隔壁栏的公猪使它害怕，它是否已被转移至其他栏？		

如果对上述问题和陈述的回答均为“是”，这样的管理可减少公猪的应激和恐惧。这是因为操作人员已经获得公猪的信任并提升了公猪的性欲。然而，尽管如此，如果还是不能训练公猪爬跨，可以尝试以下方案：

（1）注射2毫升PG，20分钟后再试一次。

PG可使平滑肌收缩，引起雄性的不安和冲动进而诱导公猪爬跨。

（2）公猪爬跨24小时后，重复上述过程。如此一来，公猪就能学会把假母猪和性高潮联系起来。

（3）2天后再试一次，但这次不注射PG。

如果公猪再次爬上假母猪，让它休息5天，然后操作人员按照标准的时间表进行采精。

2. 公猪的精液质量差

公猪精液质量问题自查见表3-2。

表3-2　公猪精液质量问题自查

序号	问题	是	否
1	公猪在到场后的9天内，工作人员是否采集并评估了精液？		
2	精液质量合格吗？		
3	如果不合格，是否已告知供应商？		
4	公猪到场后第10～40天，公猪的精液质量没有下降。		
5	公猪的运输条件是否最佳？		
6	公猪到场后是否进行了抗应激处理？		
7	是否避免了用鼻套采血？		
8	是否避免了不必要的疫苗或含有油佐剂的疫苗？		
9	注射疗法是否被不需要注射的类似替代疗法所取代？		
10	公猪是否接受了抗蠕虫、虱子和螨虫的治疗？		
11	未使用浇泼剂驱虫。		
12	隔离栏是否允许公猪社交？		
13	隔离栏是否允许公猪观察猪舍内的活动，从而有助于避免惊吓和恐惧。		
14	没有在旁边养一头非常强势的公猪。		
15	猪栏的面积合适吗？		
16	猪栏的地板干燥且不光滑或不粗糙。		
17	清洁猪栏时，操作人员对公猪无攻击行为。		
18	猪栏是否定期用对公猪安全的产品消毒？		
19	通风是否足够？		
20	没有贼风。		
21	养殖场内部不使用燃烧加热器。		
22	不存在有毒气体。		

续表

序号	问题	是	否
23	温度够吗？未提供垫料时的温度不低于19℃且不高于26℃。		
24	相对湿度低于75%。		
25	如果提供垫料，稻草不含霉菌毒素，木屑不含杀虫剂和杀真菌剂。		
26	猪栏上的照明是否足够，即每天提供300勒克斯的白光照明10～14小时。		
27	是否饲喂公猪专用料？		
28	饲料没有霉菌毒素吗？		
29	所有的公猪是同时喂料吗？		
30	公猪吃料方便且舒适吗？		
31	营养补充品是否定期提供？		
32	公猪的供水是否充足、连续、舒适？		
33	水质的物理和细菌指标是否达标？		
34	公猪在过去的45天内无疾病症状，如发热、厌食、咳嗽或腹泻等。		
35	公猪没有睾丸或阴茎炎症。		
36	采精时间是否合适？即每周1～1.2次为宜。		
37	公猪进入采精室，操作人员对公猪无攻击行为。		
38	假母猪的高度合适吗？即不能太高或太低。		
39	射精没有被中断。		

如果对上述问题和陈述的回答均为“是”，说明管理得很好，并且大多数可能导致精液质量差的应激原因都已经避免。然而，可能还有其他不明原因导致精液质量差，这与管理和环境无关，可能是公猪先天性不足导致的。

在任何情况下，都可以通过以下方案来提高精液质量：每3天注射1次200国际单位人绒毛膜促性腺激素（hCG）+400国际单位孕马血清促性腺激素（PMSG），每次5毫升，注射最多不超过5次。在公猪吃饲料时，使用适用于人的一次性针头进行肌内注射。

3. 繁殖结果低于预期

繁殖结果低于预期问题自查见表3–3。

表3–3 繁殖结果低于预期问题自查

序号	问题	是	否
1	无其他疾病。		
2	断奶前已经完成免疫。		
3	断奶至配种期间已经完成免疫。		
4	表3–4检查清单上回答均为“是”？		
5	表3–9检查清单上回答均为“是”？		
6	发生在夏天/初秋吗？		
7	人工授精中心不存在问题。		
8	离开人工授精中心时，精液是否稳定处于25℃以下？		
9	离开人工授精中心，精液在运输过程中是否无温度变化？		
10	养殖场的冰箱运转良好吗？		
11	是否每天用高低温度计测量存储温度？		
12	存储温度从未低于13℃。		
13	精液未靠近储藏室的制冷或加热元件。		
14	冰箱中放置的精液，未在角落或吸管末端出现聚集或凝集。		
15	存储的精液是否每天轻轻摇匀一次？		
16	尽管稀释液是长效的，但不使用保存超过72小时的精液。		
17	使用前是否检查精子活力？		
18	在被送到配种区之前，精液是不加温的。		
19	精液是否正确地从冰箱运到配种区，即不受光照和温度变化的影响。		
20	配种时间正确吗？		
21	配种次数是否正确？只有在绝对必要的情况下才进行配种。		
22	两次配种的间隔是否超过8小时？		
23	员工是否有经验，配种是否正确操作。		
24	输精过程中未出现倒流。		
25	母猪在妊娠35天前没有移动。		

如果对上述问题和陈述的回答均为“是”，仍然可以通过在精液中加入天然PG来提高每100次授精中出生的仔猪数量。

当前列腺素F2α（PGF2α）与精液混合后，精子的运动会得到改善，此外，PGF2α可以使母猪排卵提前12小时，这有助于与授精同步。

通过精液出口导管的开口端注入 1毫升PG，充分混合后，然后授精。由于作用于子宫而非精子，因此无论是常规输精还是子宫深部输精，都必须使用1毫升PG，与精液剂量大小无关。

二、后备母猪问题排查

1. 一些后备母猪不会进入发情期

后备母猪发情期问题见图3-2，后备母猪发情期问题自查见表3-4。

图3-2 后备母猪发情期问题

表3-4 后备母猪发情期问题自查

序号	问题	是	否
1	发情周期是否可控?		
2	后备母猪群养，而非限位栏?		
3	群体规模为6～30头?		
4	每头后备母猪的饲养空间是否至少1.5平方米?		
5	是否使用公猪?		
6	公猪是否远离后备母猪至少1.5米?		
7	是否使用配种公猪?		
8	公猪年龄为10～24个月?		
9	老公猪不会太重。		
10	公猪不太好斗。		
11	是否在后备母猪180日龄时开始刺激或查情?		
12	公猪是否进入后备母猪栏内查情?		
13	后备母猪是否进入公猪栏?		
14	是否让公猪接触所有的后备母猪?		
15	有帮公猪按压后备母猪的背部吗?		
16	是否在上午和下午对所有的后备母猪查情?		
17	是否逐栏逐栋对后备母猪进行至少10分钟的查情?		
18	后备母猪每天同公猪接触至少15分钟吗?		
19	温度保持在27℃以下。		
20	温度保持在14℃以上。		
21	相对湿度不低于75%。		
22	通风是否足够?		
23	猪舍是否无贼风?		
24	猪舍内无燃烧加热器。		
25	不存在有毒气体。		

续表

序号	问题	是	否
26	猪栏上的照明是否足够，即每天提供300勒克斯的白光照明14～16小时。		
27	不会遭太阳暴晒。		
28	后备母猪180日龄时体重为105千克。		
29	后备母猪超龄不严重，即不超过270日龄。		
30	后备母猪体况是否良好？		
31	饲料中无霉菌毒素？		
32	水质的物理和细菌指标是否达标？		
33	过去30天内无疾病症状，如发热、厌食、咳嗽或腹泻等。		
34	后备母猪看起来健康吗？		

如果对上述问题和陈述的回答均为“是”，则说明已经做到良好的管理，并避免了后备母猪大多数延迟或阻止初情期开始的原因。然而，可能还有其他不明原因导致后备母猪不发情，这与管理或环境无关，可能是母猪先天性不足导致的。

在任何情况下，都可以通过以下方案来诱导后备母猪发情：

（1）在后备母猪160～165日龄时注射5毫升200国际单位hCG+400国际单位PMSG；继续同10月龄以上的公猪接触；注射200国际单位hCG+400国际单位PMSG，18天后，再注射1毫升PG；让第2个排卵期过去（用死精配种）；在第3个发情期配种。

（2）在后备母猪170日龄时注射5毫升200国际单位hCG+400国际单位PMSG；注射200国际单位hCG+400国际单位PMSG，11天后，再饲喂14天烯丙孕素（每头后备母猪每天饲喂5毫升或20毫克）；每天上午和下午，同10月龄以上的公猪轮流接触。

2. 没有足够的后备母猪来完成批次配种

后备母猪批次问题自查见表3-5。

表3-5 后备母猪批次问题自查

序号	问题	是	否
1	发情是否不可控?		
2	是否没有记录后备母猪的初情期?		
3	达到授精发情的后备母猪数量低于初情期记录的头数。		
4	对即将授精的后备母猪进行查情有困难?		
5	有情期记录的后备母猪是否因为没有进入发情期而淘汰?		
6	后备母猪的繁殖力不正常，比预期的差。		
7	发情周期是分散的，不允许大量的配置以形成批次。		
8	不能形成数量相同的批次。		
9	由于批次数量不等，导致产仔箱占用问题。		
10	后备母猪发情跨度大导致仔猪出生时间跨度增加。		
11	后备母猪的窝产仔数比预期的不正常。		
12	平均出生的仔猪总数低于预期。		
13	出生日期跨度大使得交叉寄养变得困难。		
14	产仔日期跨度大意味着后备母猪必须在缩短哺乳期（少于21天）的情况下断奶。		
15	产仔日期跨度大意味着仔猪必须提前断奶（少于21天）。		
16	缩短哺乳期的后备母猪的发情会在下一个繁殖周期变差?		
17	最小的仔猪断奶后是否有问题?		
18	最小的仔猪断奶后是否需要更多的药物?		

如果对上述一个或多个问题和陈述的回答均为“是”，根据以下方案使用烯丙孕素同期发情周期对改善生产有帮助。

（1）针对之前有情期的后备母猪，发情日期未知情况下的方案：①给所有希望同期发情的后备母猪每天饲喂5毫升烯丙孕素（或者每头后备母猪每天20毫克烯丙孕素），连续饲喂18天；②如果希望达到发情周期同步水平最大化，在完成烯丙孕素处理后的第2天给后备母猪注射5毫升200国际单位hCG+400国际单位PMSG；③在后备母猪出现发情之前，与10月龄以上的公猪轮流接触。

（2）针对之前有情期的后备母猪，发情日期已知情况下的方案一：①从上一个发情期的第14天开始，每天给后备母猪饲喂5毫升烯丙孕素（或者每头后备母猪每天20毫克烯丙孕素），直到期望的受精日期前5天；②如果希望达到发情周期同步水平最大化，在完成烯丙孕素处理后的第2天给后备母猪注射5毫升200国际单位hCG+400国际单位PMSG；③在后备母猪出现发情之前，与10月龄以上的公猪轮流接触。

（3）针对之前有情期的后备母猪，发情日期已知情况下的方案二：①从上一个发情期的第5天至第19天，给所有的后备母猪每天饲喂5毫升烯丙孕素（或者每头后备母猪每天20毫克烯丙孕素），连续饲喂12天；②如果希望达到发情同期同步水平最大化，在完成烯丙孕素处理后的第2天给后备母猪注射5毫升200国际单位hCG+400国际单位PMSG；③在后备母猪出现发情之前，与10月龄以上的公猪轮流接触。

三、经产母猪问题排查

1. 工作时间之外分娩的母猪超过预期

经产母猪现场问题见图3–3，后备母猪超期问题自查见表3–6。

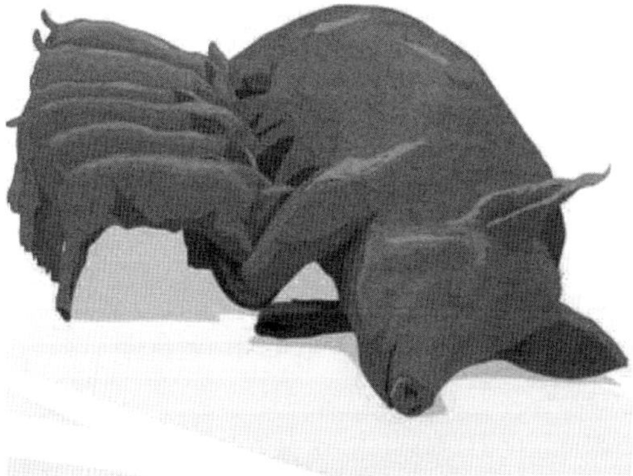

图3–3 经产母猪现场问题

表3-6 后备母猪超期问题自查

序号	问题	是	否
1	早上上班时发现母猪已在晚上产仔，是否常见？		
2	周末产仔（周末员工少）常见吗？		
3	尽管母猪发情同步很好，但问题依然存在？		
4	是否由于缺乏护理导致大量的假死猪和新生仔猪的死亡？		
5	是否由于无人照料导致分娩中的难产死胎？		

如果对上述问题和陈述的回答均为“是”，通过下列方案使用PG可以使母猪在工作时间内集中分娩。

（1）方案一：第一步，检查场内后备母猪和经产母猪的实际妊娠时长。第二步，根据场内后备母猪和经产母猪的平均妊娠时长标准，在预产期前2天内注射1毫升PG。如果平均妊娠时长是115天，在第113天或114天的8:00—9:00注射1毫升PG。在8～10小时后，即16:00—19:00，注射1毫升PG。如果分娩未开始，请勿在第2天注射催产素。

（2）方案二：第一步，检查场内后备母猪和经产母猪的实际妊娠时长。第二步，让经产母猪自然分娩。根据场内后备母猪和经产母猪的平均妊娠时长标准，对满足预产期且早上还未开始分娩的经产母猪肌内注射PG。第一针在8:00—9:00，注射1毫升PG。在8～10小时之后，即16:00—19:00，注射1毫升PG。如果分娩未开始，请勿在第2天注射催产素。

2. 哺乳期少于21天断奶的母猪超过预期

哺乳母猪超期问题自查见表3-7。

表3-7 哺乳母猪超期问题自查

序号	问题	是	否
1	某些批次的分娩母猪数多于实际产床数。		
2	后备母猪和经产母猪的发情不完全同步。		
3	后备母猪的同期发情比断奶母猪差。		

如果批次计算不正确或不平衡，母猪将会被迫在建议的时间之前给仔猪断奶。当发情同步较差且配种日期跨度大时，也会发生同样的情况，这说明每组中的最先发情和最后发情之间的时间间隔较长。

为了避免因早期断奶而使相关的生产力降低，以及在需要调整批次大小或纠正配种同步的问题时，可以参考以下方案：从母猪断奶前一天到下一批断奶当天，每天饲喂5毫升烯丙孕素（或者每头母猪每天20毫克烯丙孕素），饲喂不少于5天。

3. 断奶后7天内发情的母猪高于预期

断奶母猪高预期发情问题自查见表3-8。

表3-8 断奶母猪高预期发情问题自查

序号	问题	是	否
1	迟发情的母猪通常是断奶后第14～21天发情。		
2	在断奶或断奶后用比例为400：200的促性腺激素治疗时，有些母猪并不发情。		
3	没有反应的母猪需要很长时间才能再发情。		
4	有些母猪在断奶当天就发情吗?		
5	断奶时是否有些母猪过肥?		
6	是否有母猪在哺乳14天后减少了对仔猪的哺乳?		
7	当母猪达到采食高峰并减少1头哺乳仔猪时，饲料量没有减少。		
8	母猪经常不能吃光饲料，料槽中残留大量的饲料。		
9	是否有母猪会出现2～3天的停料或减料?		
10	母猪在妊娠期间未从料槽中饮水。		
11	是否有些母猪无法舒适地饮水，或是饮水嘴的位置不佳或是难以按压?		
12	产房里有不同类型的饮水嘴吗?		
13	是否有些饮水嘴的出水量低于每分钟2升的最低要求?		

续表

序号	问题	是	否
14	是否在哺乳期的最后一周进行部分断奶？		
15	从哺乳第14天开始，是否有仔猪出现腹泻或其他疾病症状？		
16	哺乳14天后是否给母猪接种疫苗？		
17	哺乳14天后母猪是否出现疾病症状？		
18	奶妈母猪的哺乳期是否很长？		

如果对上述问题和陈述的回答均为“是”，则可能正在发生哺乳期发情，并且这些问题正在阻止断奶后的尽早发情。

任何导致母猪肥胖的因素，比如在哺乳期结束时的代谢不平衡，或从哺乳期第14天起的泌乳量减少，都可能是在哺乳期出现发情。

采食过量，难以获得饮水嘴导致饮水量降低或采食量大幅下降，以及仔猪数量减少或仔猪虚弱，都可能导致哺乳期缩短这一问题。应查明并消除原因，如若找不到原因，或已查明但无法补救，以下方案将减少哺乳期发情的不利影响：

（1）可以在实验室条件下检验和测量母猪血液中的黄体酮水平。

如果养殖场进行此类分析，在母猪断奶后第2天采集血液，针对不同检测结果，激素处理的方法如下：

①针对黄体酮阴性的母猪：断奶后第9天仍未发情的母猪，肌内注射5毫升200国际单位hCG+400国际单位PMSG。

②针对黄体酮阳性的母猪：第一步，断奶后第13天的8:00—9:00，肌内注射1毫升PG。第二步，8～10小时后，即16:00—19:00，肌内注射1毫升PG。最后，72小时后，肌内注射5毫升200国际单位hCG+400国际单位PMSG。

多数养殖场没有设施可以检测断奶时的黄体酮水平，因此，必须通过以下方案来避免哺乳期发情的出现：从母猪哺乳期的第14天至断奶当天，每天饲喂5毫升烯丙孕素（或者每头母猪每天20毫克烯丙孕素），视哺乳期长短而定，连续饲喂7～14天。

4. 断奶后7天内发情的母猪低于预期

断奶母猪低预期发情问题自查见表3–9。

表3–9　断奶母猪低预期发情问题自查

序号	问题	是	否
1	发情迟的母猪通常在断奶后第9～14天发情。		
2	这种情况主要发生在夏季和初秋吗？		
3	断奶母猪用比例为400：200的促性腺激素治疗时，几乎所有的母猪都会发情吗？		
4	断奶时无体况肥胖的母猪。		
5	当母猪达到采食高峰并减少1头哺乳仔猪时，饲料量减少吗？		
6	断奶时无体况消瘦的母猪。		
7	母猪在妊娠期间从料槽中饮水吗？		
8	不存在母猪无法舒适地饮水，或是饮水嘴的位置不佳或是难以按压。		
9	产房里有不同类型的饮水嘴吗？		
10	所有饮水嘴的出水量满足每分钟2升的最低要求吗？		
11	料槽未完全清空和清理干净，残留少量饲料。		
12	母猪不限料，从而避免清理料槽。		
13	是否根据母猪体况和带仔的数量逐头饲喂？		
14	通风是否足够？		
15	温度合适吗？		
16	在哺乳期最后一周不进行母猪免疫。		
17	是否有食欲降低的疾病症状？		
18	饲料无霉菌毒素吗？		
19	母猪断奶后是自由采食吗？		
20	哺乳期最后1天的采食量只有一半吗？		
21	断奶至发情期间的饲料是否添加了葡萄糖？		

续表

序号	问题	是	否
22	当第一头母猪开始发情时，给其他母猪的饲料不会减少。		
23	是否在母猪视线水平提供300勒克斯白光照明16小时？		
24	是否在断奶当天进行刺激和查情？		
25	是否在上午和下午对母猪进行查情？		
26	把母猪赶到公猪栏直接查情？		
27	如果通过喂料通道进行间接查情，公猪是否会缓慢通过？		
28	母猪是否有足够的时间去听、嗅和看公猪？		
29	是否每20～25分钟换一头公猪？		
30	公猪前进的速度是否与操作人员进行查情的速度一致？		
31	使用多头公猪查情？		
32	使用多头公猪轮换？		
33	使用双公猪查情？		
34	公猪超过10月龄吗？		

如果对上述问题和陈述的回答均为“是”，那么，面临的乏情问题可能无法通过管理措施改善。在这种情况下，以下方案可以帮助增加发情母猪的数量。

（1）如果乏情不是很严重，例如断奶1周后少于10%的母猪不发情，而养殖场进行的是单周批生产，此时，在母猪断奶9小时后注射5毫升200国际单位hCG+400国际单位PMSG。

（2）如果乏情不是很严重，例如断奶1周后少于10%的母猪不发情，而养殖场进行的是3周批或4周批生产。首先，从母猪断奶后第8天至下一批断奶当天，每天饲喂5毫升烯丙孕素（或者每头母猪每天20毫克烯丙孕素）；其次，饲喂烯丙孕素24小时后注射5毫升200国际单位hCG+400国际单位PMSG。

（3）如果乏情严重，例如断奶后1周有10%～20%的母猪不发情，则在母猪断奶后第2天注射5毫升200国际单位hCG+400国际单位 PMSG。

（4）如果乏情非常严重，例如断奶1周后超过20%的母猪不发情。首先，在母猪断奶当天注射1毫升PG；其次，断奶后第2天注射5毫升200国际单位hCG+400国际单位PMSG。激素的治疗性使用并非可以免除适用于养殖场“全部”的管理方针，旨在促进发情。

5. 配种14～20天后阴道出现分泌物的母猪超过预期

母猪阴道分泌物超预期问题自查见表3-10，母猪阴道分泌物问题自查见表3-11。

表3-10　母猪阴道分泌物超预期问题自查

序号	问题	是	否
1	母猪没有任何泌尿系统问题，包括膀胱炎和肾盂肾炎。		
2	水是否容易获取且数量充足？		
3	水质的理化指标合格吗？		
4	水质的细菌指标合格吗？		
5	断奶后发情阴道无分泌物。		
6	配种区地板不脏。		
7	配种区地板不潮。		
8	发情期养殖区域干净干燥吗？		
9	没有贼风且母猪舍保持温暖。		
10	目前无蓝耳病等活跃型免疫抑制性疾病。		
11	执行洁净的人工授精。		
12	操作人员不能用手或其他东西接触输精管后端25～30厘米。		
13	外阴用一次性材料清洁，绝对不能用蘸着共用液体的海绵。		
14	导入输精管前是否分开外阴唇？		
15	是否使用非杀精型抗菌凝胶润滑输精管？		
16	所用的精液仅储存了较短时间，细菌在储存期间无法在精液中生长。		
17	配种次数不太多，且在发情末期不输精。		
18	没有采取“只要静立反射还在就输精”的方法。		

如果对上述问题和陈述的回答均为“是”，这样的管理能降低断奶后发情期间生殖道污染的可能。然而，尽管如此，仍有很高比例的“邋遢”母猪存在，那么问题的根源很可能在产房。

可能是围产期的条件和因素导致这一问题，这些条件和因素可能是输精时的不适当和/或子宫复旧不全。

表3–11　母猪阴道分泌物问题自查

序号	问题	是	否
1	母猪是否有足够的时间从应激中恢复过来？		
2	群体并非不平衡。		
3	没有太多的年轻母猪（年轻母猪免疫水平较低）。		
4	没有太多的年老母猪（年老母猪容易难产）。		
5	在母猪分娩前24小时，是否给它们提供纸张或其他材料，让它们为自己做窝，从而减少它们的应激。		
6	能避免母猪便秘吗？		
7	饲料供应未大幅减少。		
8	妊娠期间母猪从料槽中饮水吗？		
9	不存在母猪无法舒适地饮水，或是饮水嘴的位置不佳或是难以按压。		
10	在产房没有不同类型的饮水嘴。		
11	是否所有饮水嘴的最低流量每分钟2升？		
12	通风是否足够？		
13	温度是否合适？		
14	不适用前列腺素+催产素诱导分娩。		
15	在母猪产下第1头小猪之前，不能注射催产素。		
16	是否监控分娩过程？		
17	是否监控和记录仔猪的出生率？		
18	是否采取了适当的激素措施？		
19	没有过分地操控分娩。		

如果对上述问题和陈述的回答均为“是”，但是阴道分泌物依然存在，那么应该执行以下方案：在母猪分娩结束后的24～36小时注射 2毫升PG。这有助于排出恶露，减少子宫复旧的时间长达1周，使子宫内膜为下一次受精/妊娠做好充分准备。

四、问题后备母猪或经产母猪（经产和初产）问题排查

在某些情况下，不符合良好管理规范的后备母猪和经产母猪依然必须进入生产流程以完成生产组，即便操作人员知道这些母猪不太可能容易出现发情，并且在它们的余生中总是会成为有问题且繁殖性能低下的种猪。问题后备母猪见图3-4。

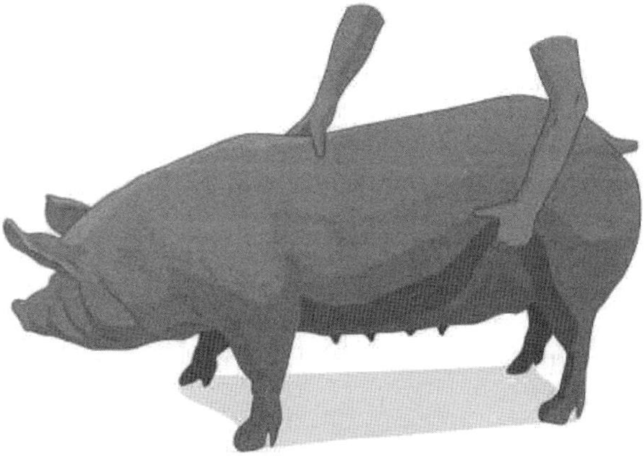

图3-4　问题后备母猪

根据母猪的类型和问题，可以实施不同的方案，考虑到后备母猪的年龄，可能已经进入初情期。

1. 进入初情期，没有观察到发情

以下两种方案适用于180日龄以上的后备母猪：

（1）方案一：首先，将转猪/调栏后的第5天记为第0天；其次，计算周期为20天；最后，在后备母猪预期发情日期前3天注射5毫升200国际单位hCG+400国际单位PMSG，使其进入发情状态。

（2）方案二：首先，在8:00—9:00，注射1毫升PG。其次，在8～10小时后，即16:00—19:00，注射1毫升PG；最后，3天后注射5毫升200国际单位hCG+400国际单位PMSG。

2. 激素诱导的后备母猪未能发情

（1）后备母猪受精后未能怀孕，也未能再发情。

①方案一：首先，将后备母猪最后1次授精日记为第0天；其次，计算周期为20天，在8:00—9:00，注射1毫升PG；在8～10小时后，即16:00—19:00，注射1毫升PG；最后，3天后注射5毫升200国际单位hCG+400国际单位PMSG。

②方案二：首先，每天饲喂5毫升烯丙孕素（或者每头后备母猪每天20毫克烯丙孕素），连续饲喂18天；其次，烯丙孕素停药后的第2天，注射5毫升200国际单位hCG+400国际单位PMSG；最后，同10月龄以上的公猪轮流接触直至发情。

（2）母猪已开始产仔，但由于缺乏宫缩而停止分娩。

母猪产仔时出现宫缩缺乏，导致分娩停止等现象。这可能是由PG外加催产素引产、肥胖、高温、高应激水平，或母猪高龄引起的。

在这种情况下，通常使用15国际单位催产素来刺激子宫收缩，但有时没有反应。针对后一种情况，可以试试，注射2毫升PG。PG通过与不同于催产素结合的受体进行结合，从而作用于子宫平滑肌纤维引起收缩。

（3）母猪已开始产仔，但由于过度宫缩而停止分娩。

有时，通过反复使用催产素来加速母猪分娩，导致宫缩的频率和/或强度太高，母猪过度劳累后分娩停止。

在这种情况下，必须按照每60千克提供100毫克维曲布汀来恢复子宫收缩。但有时，由于子宫内对催产素敏感的受体已饱和，张力消失，正常的宫缩不能开始。

在这种情况下，可以尝试注射2毫升PG，通过刺激对前列腺素敏感的受体来恢复子宫的蠕动。

（4）母猪断奶后用比例为400∶200的促性腺激素诱导但未能发情。

一旦所有的管理措施都失败了，季节性的乏情通常在断奶后用比例为400∶200的促性腺激素治疗，尽管结果是不定的。

当动物处于真乏情期时，很大比例的动物会对激素刺激做出反应。然而，当断奶后乏情并非真实的，而是在先前哺乳期出现发情周期的结果时，注射促性腺激素是不能诱导发情的，因为它们会与活跃周期黄体作用于卵巢。事实上，这种方法极有可能长期影响未来的排卵周期。

如果有几头断奶1天或9天的母猪在使用促性腺激素后没有进入发情，毫无疑问，这表明哺乳期间出现了发情周期。

如前所述，这些母猪需要很长时间才能开始正常的循环。为了避免这种情况，可以采用以下方案：首先，断奶后停止注射比例为400∶200的促性腺激素；其次，断奶后第13天8:00—9:00，注射1毫升PG；在8～10小时后，即16:00—19:00，注射1毫升PG；最后，3天后注射5毫升200国际单位hCG+400国际单位PMSG。

（5）妊娠检查为空怀的母猪没有发情。

如果给母猪重新分群，转栏至断奶区，并用公猪适当刺激，但仍没有发情，则应实施以下方案：

①方案一：针对第23天超声波诊断为阴性的空怀母猪，确诊后

立即注射5毫升200国际单位hCG+400国际单位PMSG。

②方案二：针对第30天超声波诊断为阴性的空怀母猪，首先，等待5天；其次，断奶后第13天8:00—9:00，注射1毫升PG；在8～10小时后，即16:00—19:00，注射1毫升PG；最后，3天后注射5毫升200国际单位hCG+400国际单位 PMSG。

（6）长期不发情的母猪（非常迟发的母猪）。

这些母猪分三种类型：①断奶母猪的发情周期未知：断奶第5天记为第0天；②诱导母猪的发情周期未知，用比例为400：200的促性腺激素处理后的第4天记为第0天；③妊娠检查阴性且再次发情周期未知的已配母猪，最后一次配种日记为第0天。

以下方案适用于这些母猪：

①方案一：首先，计算周期为21天；其次，8:00—9:00注射1毫升PG；在8～10小时后，即16:00—19:00，注射1毫升PG；最后，3天后注射5毫升200 国际单位hCG+400国际单位PMSG。

②方案二：首先，每天饲喂5毫升烯丙孕素（或者每头母猪每天20毫克烯丙孕素），连续饲喂18天；其次，烯丙孕素停药后的第2天，注射5毫升200国际单位hCG+400国际单位PMSG；最后，同10月龄以上的公猪轮流接触直至发情。

第四章
案例分享

一、批次化生产应用

1. 养殖场背景

云南某有1 200头母猪存栏的养殖场，该养殖场采用连续性生产方式，疾病不断，生产成绩不稳定。后采用批次化生产清群后重新引入后备母猪，并使用烯丙孕素做批次化生产。

2. 使用方案

本场采用3周批生产模式，批次规划：母猪存栏1 120头，全群分成7组，每组160头，批次配种160头，批次分娩144头（按90%的分娩率计），批次断奶仔猪1 512头（按窝产仔平均10.5头计），年断奶仔猪26 280头，每头母猪每年贡献断奶仔猪头数（PSY）23.5。

3. 生产指标

该场已成功完成连续性生产向3周批批次化生产的转变，发情率、35天受胎率稳定在良好水平，但产活仔数偏低，目前场内批次化运转平稳。该批次化生产操作较简单，"智能化"管理，同时解决小猪腹泻问题，猪群健康度提升（表4–1）。

表4–1 云南某养殖场批次化生产成绩

批次	发情率/%	35天受胎率/%	产仔数/只
第1批	86	85.0	10.66
第2批	94	95.6	10.46
第3批	89	91.8	9.38
第4批	92	86.3	10.23
第5批	88	93.1	10.49
第6批	70	80.9	10.68
第7批	86	85.1	—

二、后备母猪批次化入群

1. 养殖场背景

江西某有2 000头母猪存栏的养殖场，该养殖场采用连续性生产方式入群后备母猪，但后备母猪利用率不理想，主要包括后备母猪首配日龄、体重均不理想。因此，为满足配种目标，养殖场尝试使用烯丙孕素处理后备母猪，用作后备母猪批次化入群。

2. 使用方案

给有初情期，体重135千克、周龄30周的后备母猪定时、定量每天饲喂5毫升烯丙孕素（或者每头后备母猪每天20毫克烯丙孕素），连续饲喂18天。停药后采取短期优饲、光照刺激和公猪诱情等方式促进母猪发情。

3. 生产指标

后备母猪经烯丙孕素处理后，利用率提升至95%以上，且批次间稳定，发情集中度高，配种集中度高，有利于批次化生产的运转（表4–2）。

表4–2 后备母猪批次化入群发情率及受胎率统计

批次	处理头数	停药后第5～8天集中发情率/%	停药后总发情率/%	受胎率/%
第1批	70	95.7	98.6	88.4
第2批	50	100	100	86.0
第3批	70	97.1	97.1	89.2

三、问题母猪的处理

1. 养殖场背景

华东地区某有20 000头母猪存栏的大型养殖场，该养殖场因前期生产不均衡，疾病暴发等因素导致大量问题母猪的产生。为降低非生产母猪比例，养殖场采用烯丙孕素处理非生产母猪。

2. 处理方案

挑选毛色光亮、肢蹄健康、无子宫炎且健康度好的问题母猪每天饲喂5毫升烯丙孕素（或者每头后备母猪每天20毫克烯丙孕素），连续饲喂18天，停药24小时后注射PMSG 1头份，然后采取短期优饲、光照刺激和公猪气味剂诱情等方式促进母猪发情。

3. 生产指标

烯丙孕素可以给问题母猪补充内固醇激素，打破母猪不发情的稳态，母猪饲喂18天烯丙孕素，卵巢黄体溶解，停药24小时后注射PMSG，促进卵泡发育和排卵，有效提升问题母猪的发情率（表4–3）。

表4–3 问题母猪经烯丙孕素处理后的发情率

<table>
<tr><th>批次</th><th>处理头数</th><th>发情率/%</th><th>总发情率/%</th></tr>
<tr><td>第1批</td><td>101</td><td>93.1</td><td rowspan="2">89.4</td></tr>
<tr><td>第2批</td><td>330</td><td>89.4</td></tr>
</table>

附录1

种猪常温精液

中华人民共和国国家标准（GB 23238—2021）

前　　言

本文件按照GB/T 1.1—2020《标准化工作导则　第1部分：标准化文件的结构和起草规则》的规定起草。

本文件代替GB 23238—2009《种猪常温精液》，与GB 23238—2009相比，除结构调整和编辑性改动外，主要技术变化如下：

——删除了“原精液”“精子畸形率”的定义（见2009年版的3.1、3.5）；

——增加了“种猪”“精子密度”“畸形精子”“混合精液”“批次”和“保质期”的定义（见3.1、3.3、3.6、3.7、3.8、3.9）；

——更改了“常温精液”“精子活力”和“前向运动精子数”的定义（见3.2、3.4、3.5，2009年版的3.2、3.3、3.4）；

——删除了“原精液”的要求（见2009年版的4.1）；

——删除了“外观”（见2009年版的4.2.1）“有效期”的技术要求（见2009年版的4.2.6）；

——增加了深部输精的内容（见第4章）；

——更改了“剂量”和“前向运动精子数”的技术要求（见第4章，2009年版的4.2）；

——更改了“抽样方法”（见5.1，2009年版的5.1、5.2）；

——更改了“检验类别”（见7.1，2009年版的6.2）“判定规则”（见7.2，2009年版的第7章）；

——增加了“型式检验”情况的描述（见7.1.2）；

——更改了“标签”（见8.1，2009年版的8.1）；

——增加了“随行文件”的条款（见8.2）；

——更改了“包装”“贮存”和“运输”的条款（见9.1、9.2、9.3，2009年版的8.2、8.3、8.4）；

——增加了“保质期”的内容（见9.4）；

——增加了“不合格产品处置”的要求（见第10章）；

——删除了“抽样”的内容（见2009年版的A.1）；

——更改了“剂量”（见A.1，2009年版的A.2）“精子活力”见A.2，2009年版的A.3）和“前向运动精子数”的检测方法（见A.3，2009年版的A4）；

——更改了“精子畸形率”姬姆萨染色法的染色时间［见A.4.1.3b），2009年版的A.5.3c）］；

——增加了“伊红苯胺黑快速染色法”的内容（见A.4.2）；

——删除了“种猪常温精液监督检验程序”的内容（见2009年版的附录B）；

——增加了“精子质量分析仪检测精子密度的校正方法”的内容（见附录B）。

请注意本文件的某些内容可能涉及专利。本文件的发布机构不承担识别专利的责任。

本文件由中华人民共和国农业农村部提出并归口。

本文件及其所替代文件的历次版本发布情况为：

——2009年首次发布为GB 23238—2009；

——本次为第一次修订。

种猪常温精液

1 范围

本文件规定了种猪常温精液的质量技术要求、抽样、试验方法、检验规则、标签和随行文件、包装、贮存、运输和保质期、不合格产品处置。

本文件适用于商品化的种猪常温精液产品。

2 规范性引用文件

下列文件中的内容通过文中的规范性引用而构成本文件必不可少的条款。其中，注日期的引用文件，仅该日期对应的版本适用于本文件；不注日期的引用文件，其最新版本（包括所有的修改单）适用于本文件。

GB/T 6682　分析实验室用水规格和试验方法

GB/T 8170　数值修约规则与极限数值的表示和判定

3 术语和定义

下列术语和定义适用于本文件。

3.1　种猪　boar

体型外貌和性能质量符合本品种标准要求且具有种用价值的公猪。

注：来源于具有《种畜禽生产经营许可证》和《动物防疫合格证》的种猪场或公猪站，或有资质的种猪性能测定站。

3.2　常温精液　liquid semen

采集的种公猪原精液经稀释，但未经低温冷冻处理，在常温（16～18℃）下保存的精液。

3.3　精子密度　semen concentration

每毫升精液中所含的精子个数。

3.4 精子活力 sperm motility

精液中前向运动精子活动的程度。

注：当精液温度在37℃左右时，以精液中前向运动精子数占总精子数的百分比表示。

3.5 前向运动精子数 number of progressively motile sperm

每剂量精液中呈前向运动精子的总数。

3.6 畸形精子 abnormal sperm

形态异常的精子。

注：包括但不限于大头、小头、原生质滴、卷尾、断尾等。

3.7 混合精液 pooled semen

同一品种两头及以上种猪的精液混合物。

3.8 批次 batch

同一生产线、同一时间，使用同一份或混合精液稀释分装生产的一批常温精液产品。

3.9 保质期 shelf life

自产品生产之时起，在满足种猪常温精液产品规定的保存和运输条件下，其产品符合质量要求的最长期限。

4 技术要求

种猪常温精液质量应符合表1的规定。

表1 种猪常温精液质量要求

项目	受体为引入品种、培育品种		受体为地方品种
	常规输精	深部输精	
剂量/mL	≥80.0	≥60.0	≥40.0
精子活力/%	≥60.0	≥60.0	≥60.0
前向运动精子数/（10^8个/剂）	≥18.0	≥12.0	≥10.0
精子畸形率/%	≤20.0	≤20.0	≤20.0

5 抽样

5.1 抽样方法

5.1.1 出厂检验

以每批次生产份数为基数，随机抽取样品，抽取份数取整数且不少于基数的10%。

5.1.2 型式检验

以每批次生产份数为基数，随机抽取样品，抽取份数取整数且不少于基数的15%。

5.2 抽样时间

产品分装后2h至保质期截止前24h。

6 试验方法

6.1 剂量

按附录A中A.1的规定执行。

6.2 精子活力

按A.2的规定执行。

6.3 前向运动精子数

按A.3的规定执行。

6.4 精子畸形率

按A.4的规定执行。

7 检验规则

7.1 检验类别

7.1.1 出厂检验

出厂检验项目为第4章规定的产品剂量、精子活力和前向运动精子数。

7.1.2 型式检验

型式检验项目为第4章规定的全部项目。产品正常生产时，至少每半年进行一次型式检验，若有下列情况之一时，应进行型式检验：

a）生产工艺及设备有重大变更时；

b）所用生产原料有重大变化时；

c）种猪发生疾病或统一注射疫苗时；

d）停产3个月以上恢复生产时；

e）出厂检测结果与上次型式检测结果有较大差异时；

f）监督管理部门提出要求时。

7.2　判定规则

7.2.1　样品判定规则

7.2.1.1　所检项目全部符合本文件规定时，则判定该样品合格。

7.2.1.2　检测结果中有任何项目不符合本文件规定时，则判定该样品不合格。若该样品在其保质期内可进行复检，复检结果全部符合本文件规定时，则判定该样品合格，复检结果有任何项目不符合本文件规定时，则判定该样品不合格；若该样品已不在其保质期内，则不得复检。

7.2.1.3　各项目检测结果的极限数值判定按GB/T 8170中修约值比较法执行。

7.2.2　每批次产品的判定规则

每个批次的产品中所有抽检样品合格，则判定该批次的产品合格；其中有任一抽检样品不合格，则判定该批次的产品不合格。

8　标签和随行文件

8.1　标签

标签要求如下：

a）应易于识别，不易脱落或损坏。

b）应使用规范的汉字对产品信息进行说明。

c）应标识但不限于如下信息：

1）产品通用名称、种猪品种及个体编号、生产企业名称及联系方式、生产时间、适用受体、授精方式、保存条件、保质期，以及第4章规定的项目指标。

2）非生产企业经营常温精液产品时，其标签信息还宜包括经营企业的名称和联系方式等。若是混合精液，则应加以注明（可不注明种猪个体编号）。

3）使用电子标签（如二维码标签）的标签信息至少应包括本条款规定的信息，还可包括生产企业商标或徽标，以及可追溯的其他信息。

8.2 随行文件

随行文件至少应包括种畜禽生产经营许可证和动物防疫合格证的复印件，以及种猪系谱档案（混合精液除外）等复印件。

9 包装、贮存、运输和保质期

9.1 包装

产品包装应为对精子无毒副作用的一次性塑料制品，可选用袋装、瓶装或管装，容量应大于第4章中规定的对应产品最低剂量的110%。封口严密。

9.2 贮存

种猪常温精液应置于恒温箱中避光保存，恒温箱内温度应控制在16～18℃。保质期内每间隔8～12h应摇匀1次。

9.3 运输

种猪常温精液应置于16～18℃避光密封的容器中运输，运输过程避免强烈震动和碰撞。

9.4 保质期

生产企业应给出常温精液产品的保质期，保质期应不少于72h。

10 不合格产品处置

不应出售和使用检验不合格的产品。不合格产品应按有关规定进行无害化处理。

附录A
（规范性）
种猪常温精液产品质量检测方法

A.1 剂量

A.1.1 仪器设备

A.1.1.1 电子台秤：感量0.1g。

A.1.1.2 恒温箱：17℃±1℃。

A.1.2 试验步骤

接通电子台秤电源，开机，检查电子台秤的运行情况。在18～25℃室温条件下，将电子台秤清零后，从恒温箱中取出待检产品，置于台秤称量盘上，记录显示值为W_1。使用与受检产品同一批次、未使用的空包装，或全部项目检测完毕，倒出内容物清洗并干燥的空包装，置于电子台秤称量盘上，记录显示值为W_2。

A.1.3 试验数据处理

剂量按式（A.1）计算：

$$W = W_1 - W_2 \qquad (A.1)$$

式中：

W——样品剂量值，单位为毫升（mL），计算时按1mL相当于1g进行换算；

W_1——样品与包装的称量值，单位为克（g）；

W_2——空包装的称量值，单位为克（g）。

计算结果保留至小数点后1位，按GB/T 8170的规定进行修约。

A.2 精子活力

A.2.1 仪器设备与耗材

A.2.1.1 精子质量分析仪：由相差显微镜、显示器和专用分析软件等组成。相差显微镜至少应配有10倍、20倍的物镜镜头。专用分析软件的主要技术参数应为VCL不小于5μm/s、VSL不小于5μm/s、STR＝VSL/VAP不小于25%。精子质量分析仪可读取并显示多个视野的平均值。

注1：VCL为精子曲线运动速度。

注2：VSL为精子直线运动速度。

注3：VAP为精子平均运动速度。

注4：STR为精子直线运动速度与平均运动速度的比值。

A.2.1.2　恒温载物台：37℃ ± 1℃。

A.2.1.3　恒温箱：17℃ ± 1℃。

A.2.1.4　移液器：量程≤20μL。

A.2.1.5　专用定容玻片：腔室高度20μm ± 2μm。

A.2.2　试验步骤

按如下步骤进行检测：

a）开启精子质量分析仪预热至少5min，安装恒温载物台（带有恒温载物台的一体化仪器不需要此步骤），开启恒温载物台电源开关，设置温度为37℃ ± 1℃。

b）检查物镜是否转换到相差显微镜头，必要时应按照说明书进行物镜校准并转换光圈模式，以达到最佳备用状态；调节显微镜光源至适宜的亮度，将低倍物镜正对载物台的通光孔，调节物镜与恒温载物台之间的最佳距离，观察视野明亮程度，通过调节聚光器，直至视野光线最佳。

c）将专用定容玻片置于恒温载物台上预热，预热时间应大于1min。

d）从恒温箱中取出待检样品，在18～25℃室温条件下轻摇2～3min。若样品包装为袋装，则将空精液瓶置于恒温箱30min以上，再将袋装精液转移至精液瓶中，置于恒温箱中，待检。

e）保持精液瓶与视线水平，使其倾斜约45°，将移液器的吸头伸入液面下15～20mm处，避开凝结絮状物，吸取3～5μL样品，滴于专用定容玻片进样口处，让其自行流入腔室，待检（样点1）；用同样方法吸取3～5μL样品，滴于专用定容玻片另一腔室的进样口处，待检（样点2）。

f）点样后预热1～3min，在200倍特殊条件下，按照操作要求在3min内完成样点1和样点2的检测。

g）每个样点至少读取3个视野的数据，记录每个样点的平均值。

A.2.3　试验数据处理

精子活力按式（A.2）计算：

$$M = \frac{M_1 + M_2}{2} \tag{A.2}$$

式中：

M——精子活力，%；

M_1——仪器给出的样品平行样样点1检测活力的平均值，%；

M_2——仪器给出的样品平行样样点2检测活力的平均值，%。

计算结果保留至小数点后1位，按GB/T 8170的规定进行修约。若两个样点计算结果相对偏差大于5%，则应重检。

A.3　前向运动精子数

A.3.1　仪器设备与耗材

A.3.1.1　精子质量分析仪：由相差显微镜、显示器和专用分析软件等组成。相差显微镜至少应配有10倍、20倍的物镜镜头，具有精子密度的检测功能，精子密度的校正方法见附录B。

A.3.1.2　移液器：量程≤20μL。

A.3.1.3　专用定容玻片：腔室高度20μm ± 2μm。

A.3.2　试验步骤

A.3.2.1　参照附录B的规定对精子质量分析仪进行校正，每年至少校正一次。

A.3.2.2　精子密度检测按如下步骤：

a）按照A.2.2a）～e）规定的步骤操作，直至完成样品的点样；

b）点样后预热1～3min，在200倍条件下，读取并记录精子密度值，记为D_i。

A.3.3　试验数据处理

每剂量中精子总数按式（A.3）计算：

$$S = D_i \times W \tag{A.3}$$

式中：

S——每剂量中精子总数，单位为亿个（10^8个）；

D_i——仪器显示的精子密度值，单位为亿个/毫升（10^8个/mL）；

W——样品剂量的实测值，单位为毫升（mL）。

精子密度值（D_i）和每剂量中精子总数（S）应保留至小数点后3位。

前向运动精子数按式（A.4）计算：

$$C = S \times M \tag{A.4}$$

式中：

C——前向运动精子数，单位为亿个（10^8个）；

M——精子活力检测值，%。

用两个平行样的平均值表述样品检测结果，计算结果保留至小数点后1位，按GB/T 8170的规定进行修约。若两个平行样之间的相对偏差大于5%，则应重检。

A.4　精子畸形率

A.4.1　姬姆萨染色法（仲裁法）

A.4.1.1　仪器设备与耗材

A.4.1.1.1　显微镜：物镜倍数为10倍、40倍。

A.4.1.1.2　电子台秤：感量0.01g。

A.4.1.1.3　载玻片。

A.4.1.1.4　计数器。

A.4.1.1.5　容量瓶：100mL。

A.4.1.1.6　研钵。

A.4.1.1.7　移液器：量程≤20μL。

A.4.1.2　试剂或材料

下面检测方法除非另有说明，仅使用分析纯试剂。

A.4.1.2.1　水：GB/T 6682，三级水。

A.4.1.2.2　磷酸盐缓冲液：称取0.55g磷酸二氢钠（$NaH_2PO_4 \cdot 2H_2O$），2.25g磷酸氢二钠（$Na_2HPO_4 \cdot 2H_2O$），置于容量瓶中，用水溶解并定容至100mL。

A.4.1.2.3　姬姆萨原液：称取1.0g姬姆萨染料，量筒量取66.0mL甘油，66.0mL甲醇。将姬姆萨染料放入研钵中，加少量甘油充分研磨至无颗粒，将甘油全部倒入，放入恒温箱中保温溶解4h，再加甲醇充分溶解混匀，过滤后贮存于棕色瓶中，贮存时间越久染色效果越好。商品化试剂按说明书配制使用。

A.4.1.2.4　姬姆萨染液：量取2.0mL姬姆萨原液，3.0mL磷酸盐缓冲液，5.0mL水，混合摇匀，现配现用。商品化试剂按说明书配制使用。

A.4.1.3　试验步骤

按如下步骤进行检测：

a）按照A.2.2d）～e）规定的方法吸取10μL样品滴于载玻片一端，用另一边缘光滑的载玻片与有样品的载玻片呈约35°夹角，先浸润与样品接触的边缘向另一侧缓慢推动，将样品均匀地涂抹在载玻片上，自然风干（约5min），每样品制作2个抹片；

b）将风干后的抹片浸没于放有姬姆萨染液的染缸中，染色15～30min后用水缓缓清洗染液，直至玻片上无明显染液后，晾干制成染片，待检；

c）将染片置于400倍下观察，观察顺序为从左到右，从上到下。根据观察到的精子形态，按表A.1要求判定正常精子和畸形精子，且一边观察，一边用计数器计数，累计观察约200个精子，分别记录精子总数和畸形精子总数，拍照保存该样品的图片。

表A.1　精子形态判定

精子形态判定	精子形态
正常精子	头部呈椭圆形，中部和尾部自然延伸
畸形精子	头部：大头、小头、梨形头、圆头、双头等； 尾部：原生质滴、断尾、卷尾、双尾、异常弯曲等

A.4.1.4　试验数据处理

畸形率按式（A.5）进行计算：

$$A_i = \frac{A}{A_0} \times 100 \quad \text{（A.5）}$$

式中：

A_i——畸形率，%；

A_0——观察精子总数，单位为个；

A——观察畸形精子总数，单位为个。

用两个平行样的平均值表述样品检测结果，计算结果保留至小数点后1位，按GB/lF 8170的规定进行修约。若两个平行样计算结果之间的绝对差值大于5%，则应重检。

A.4.2　伊红苯胺黑快速染色法

A.4.2.1　仪器设备与耗材

A.4.2.1.1　显微镜：物镜倍数为10倍、40倍。

A.4.2.1.2　电子台秤：感量0.01g。

A.4.2.1.3　移液器：量程200μL。

A.4.2.1.4　容量瓶：100mL。

A.4.2.1.5　计数器。

A.4.2.1.6　载玻片。

A.4.2.1.7　离心管：1.5mL或2mL。

A.4.2.2　试剂或材料

下面检测方法除非另有说明，仅使用分析纯试剂。

A.4.2.2.1　水：GB/T 6682，三级水。

A.4.2.2.2　伊红Y染色液：将0.67g伊红Y和0.9g氯化钠溶入100mL纯水中。

A.4.2.2.3　伊红苯胺黑染色液：将10g苯胺黑加入100mL伊红Y染色液中，加热至沸腾，然后冷却至室温，用滤纸过滤，储存于黑色密封玻璃瓶中。商品化试剂伊红苯胺黑染色液按说明书配制或使用。

A.4.2.3　试验步骤

按如下步骤进行检测：

a）按照A.2.2d）～e）规定的方法吸取30μL样品和10μL伊红苯胺黑染色液，放入离心管中，轻摇混匀，制成精液、伊红苯胺黑染色液的混合液，放置30～60s；

b）用移液器吸取10μL精液、伊红苯胺黑染色液的混合液，滴于载玻片一端，按A.4.1.3a）规定的方法制作2个抹片；

c）按A.4.1.3c）的规定对2个抹片分别进行镜检。

A.4.2.4　试验数据处理

按A.4.1.4　的规定执行。

附录B
（资料性）
精子质量分析仪检测精子密度的校正方法

B.1　方法提要

分别采用血球计数法和仪器法对同一份精液样品进行精子密度检测，对比两个检测结果，结果之间的相对偏差小于5%时，完成仪器校正。

B.2　血球计数法检测

B.2.1　仪器设备与耗材

B.2.1.1　显微镜：物镜为10倍、40倍。

B.2.1.2　电子天平：感量为0.01g。

B.2.1.3　计数器。

B.2.1.4　移液器：量程1 000μL和200μL。

B.2.1.5　容量瓶：100mL。

B.2.1.6　血球计数板。

B.2.1.7　盖玻片。

B.2.1.8　离心管：1.5mL或2mL。

B.2.2　试剂

下面检测方法除非另有说明，仅使用分析纯试剂。

B.2.2.1　水：GB/T 6682，三级水。

B.2.2.2　3.0%氯化钠溶液：称取3.0g氯化钠，用水溶解并定容至100mL。

B.2.3　试验步骤

按如下步骤进行检测：

a）吸取950μL 3.0%氯化钠溶液放入离心管中，按照A.2.2d）～e）规定的方法取50μL样品与950μL 3.0%氯化钠溶液充分混合均匀，制成试样。

b）用盖玻片将血球计数板计数室盖好。吸取30～50μL试样置于血球计数板一端计数室的边缘，让试样自行流入，使其充满计数室，计数室内不应有气泡。用同样方法在血球计数板另一端计数室点样后，静置约5min。

c）将点好样品的血球计数板置于载物台上，先用低倍镜找计数室，再切换至400倍的条件下观察。

d）采用边观察、边计数的方法，用计数器清点计数室的精子个数。每个计数室观察5个中方格，5个中方格分别为计数室的左上角、右上角、正中间、左下角和右下角。精子计数均以精子头部所处的位置为准，每个中方格内的精子均为计数范围，方格压线的精子计数遵循"数上不数下，数左不数右"的原则。分别记录两个计数室5个中方格的总精子数，并取其平均值，记为T_i。

B.2.4　试验数据处理

精子密度按式（B.1）计算：

$$S = T_i \times 5 \times 20 \times 10^4 \times 10^{-8} \qquad (B.1)$$

式中：

S——精子密度，单位为亿个/毫升（10^8个/mL）；

T_i——两个计数室中5个中方格总精子数的平均值，单位为个；

5——5个中方格精子数转换成25个中方格的倍数；

20——精液稀释倍数；

10^4——体积单位换算；

10^{-8}——密度单位换算。

计算结果保留至小数点后3位，按GB/T 8170的规定进行修约。两个计数室中5个中方格总精子数（T_i）之间的绝对差值应不大于5个，否则应重检。每份样品检测2次，2次检测结果之间的相对偏差应小于5%，否则应重检，用2次检测结果的平均值表示该样品的检测结果。同一份样品至少应由两人进行精子密度的检测，两人检测结果之间的相对偏差应小于5%，否则应重检。当检测结果满足本条要求时，取其平均值作为血球计数法的最终检测结果。

B.3 仪器法检测

对血球计数法中的同一样品，按A.3.2.2的步骤检测精子密度，至少2次。仪器检测结果之间的相对偏差应小于5%，否则应重检。当检测结果满足本条要求时，取其平均值作为仪器法的最终检测结果。

B.4 比对校正

将血球计数法和仪器法的最终检测结果进行比对，若两者之间的相对偏差小于5%，则精子质量分析仪完成校正。否则应按照精子质量分析仪的参数设置程序，调整精子密度检测的相关参数，并重复B.3的步骤，直至血球计数法和仪器法检测结果之间的相对偏差小于5%。

附录2

猪人工授精技术规程

中华人民共和国农业行业标准（NY/T 636—2021）

前　言

本文件按照GB/T 1.1—2020《标准化工作导则　第1部分：标准化文件的结构和起草规则》的规定起草。

本文件代替NY/T 636—2002《猪人工授精技术规程》，与NY/T 636—2002相比，除结构调整和编辑性改动外，主要技术变化如下：

a）增加了规范性引用文件（见第2章）；

b）增加了术语和定义（见第3章）；

c）更改了公猪调教的内容（见5.1，2002年版的2.1）；

d）合并采精器械和质检设备的内容并规范了语言描述（见5.2.3，2002年版的2.2.1.2、2.2.1.4和2.2.1.5）；

e）更改了配制精液稀释液内容（见5.2.4，2002年版的2.2.1.3）；

f）更改了采精程序（见5.3，2002年版的2.2.2）；

g）精液品质检查、稀释、分装、保存和运输的内容直接引用相关标准（见第6章、第7章，2002年版的第3章、第4章）；

h）增加了母猪定时输精处理后的输精时间（见8.1.2）；

i）更改了精液检查内容（见8.2，2002年版的5.2）；

j）增加了输精剂量和前向运动精子数（见8.4.1.4、8.4.2.5）；

k）增加了深部输精管要求（见8.3）；

l）增加了子宫体深部输精操作程序（见8.4.2）；

m）增加了证实方法（见8.4.3）；

n）删除了部分附录表格（见2002年版附录A和附录B）。

请注意本文件的某些内容可能涉及专利。本文件的发布机构不承担识别专利的责任。

本文件由农业农村部种业管理司提出。

本文件由全国畜牧业标准化技术委员会（SAC/TC 274）归口。

本文件起草单位：全国畜牧总站、中国农业大学、北京市农林科学院、中国农业科学院北京畜牧兽医研究所、河北农业大学、华南农业大学、天津农学院、宁波三生生物科技有限公司、广东温氏种猪科技有限公司、河北双鸽食品股份有限公司、北京菲繁生物技术有限责任公司。

本文件主要起草人：赵小丽、田见晖、刘彦、毕颖慧、王栋、李俊杰、罗峻、白佳桦、张守全、翁士乔、杨升、蔡更元、程玲华、秦玉圣、杜丽杰、黄正。

本文件及其所代替文件的历次版本发布情况为：

——2002年首次发布为NY/T 636—2002。

1 范围

本文件确立了猪人工授精的技术程序构成，规定了精液采集、品质检查、稀释、分装、保存和运输、输精等技术环节要求，描述了相关的证实方法。

本文件适用于猪常温精液人工授精操作。

2 规范性引用文件

下列文件中的内容通过文中的规范性引用而构成本文件必不可少的条款。其中，注日期的引用文件，仅该日期对应的版本适用于本文件；不注日期的引用文件，其最新版本（包括所有的修改单）适用于本文件。

GB 23238　种猪常温精液

GB/T 25172　猪常温精液生产与保存技术规范

3 术语和定义

下列术语和定义适用于本文件。

3.1　人工授精　artificial insemination；AI

采集公猪精液，在体外进行稀释和保存等处理后，输入母猪生殖道特定部位，以代替公母猪自然交配繁殖后代的配种技术。

3.2　子宫体深部输精　intrauterine insemination；IUI

利用子宫体深部输精管，将精液直接输入到子宫颈后8～10cm处的一种输精方法。

4 人工授精技术程序

人工授精技术程序通常包括精液采集、精液品质检查、精液稀释与分装、精液保存与运输、输精前精子活力监测、输精等环节。但生产模式不同猪场的技术环节有所不同，自供精液猪场，不涉及精液运输环节；外购精液猪场，不涉及精液采集、精液品质检查、精液稀释与分装环节。猪人工授精技术流程见图1。

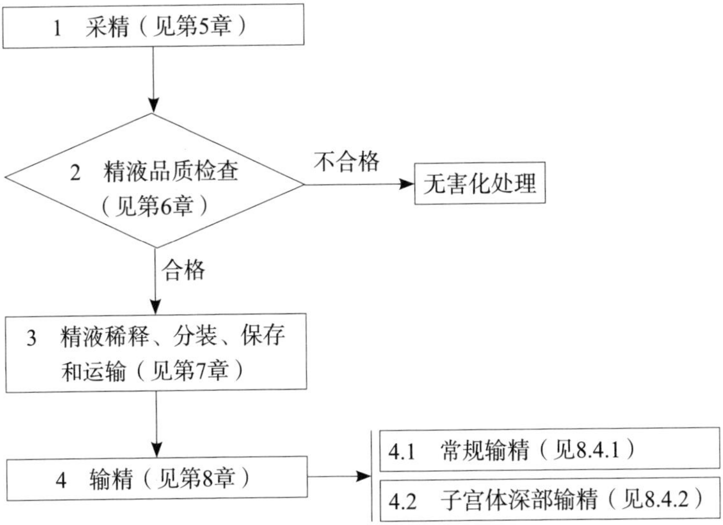

图1 猪人工授精技术流程

5 精液采集

5.1 公猪调教

应选择符合种用要求的适龄后备公猪（引入品种和培育品种宜为8～9月龄，地方品种宜为5～7月龄）进行采精调教。采集精液前，将其他公猪精液、包皮积液、发情母猪尿液或专用诱情剂喷涂在假母猪后躯臀部，将公猪引向假母猪，训练其爬跨；也可用发情母猪引诱公猪，待公猪性兴奋时快速隔离母猪，引导公猪爬跨假母猪，每天可调教1～2次，每次调教不宜超过15min。

5.2 采精前准备

5.2.1 采精公猪

剪去公猪包皮部的长毛，清洗包皮，将公猪体表冲洗干净并擦干。

5.2.2 采精室

采精室的温度保持在20～25℃。

5.2.3　采精器械和质检设备

将集精杯置于38℃恒温箱备用，并准备纸巾或消毒清洁的干纱布等。备好已消毒的精液分装器具、精液瓶或精液袋等。调试精液质检设备，打开显微镜载物台恒温板电源，预热精子密度测定仪。

5.2.4　精液稀释液

根据采精公猪数量和射精量，配制足量稀释液（通常为原精量的3～5倍），置于水浴锅中预热至35℃。

5.3　采精操作

5.3.1　用0.1%高锰酸钾溶液清洗公猪腹部和包皮，再用温水清洗，纸巾擦干。

5.3.2　采精员一手持集精杯（内装一次性采精袋并覆盖2～3层专用过滤纸，杯内温度35～37℃），另一手戴双层手套（内层乳胶手套、外层PE手套），挤出公猪包皮积尿，按摩公猪包皮部，刺激其爬跨假母猪。

5.3.3　待公猪爬跨假母猪并伸出阴茎时，脱去外层手套，用手由前向后用力锁紧阴茎螺旋状龟头，顺其向前冲力将阴茎的“S”状弯曲延直，龟头露出，握紧阴茎龟头防止其旋转，使阴茎充分伸展，达到强直、锁定状态。

5.3.4　待公猪射精时，最初射出的少量（5mL左右）及最后射出的水样精液不收集，收集乳白色或灰白色富含精子的浓份精液于集精杯内。

5.4　采精频率

根据公猪产精能力确定采精频率，成年公猪每周采精2～3次，青年公猪每周采精1～2次。宜做到定点、定时和定人。

6　精液品质检查

按照GB/T 25172的规定执行。

7 精液稀释、分装、保存和运输

按照GB/T 25172的规定执行。

8 输精

8.1 输精时间

8.1.1 自然发情的母猪

母猪出现静立反射后8～12h进行第1次输精，之后每间隔8～12h进行第2次或第3次输精。

8.1.2 定时输精处理的母猪

应在注射促性腺激素释放激素（GnRH）或其类似物后24h与40h分别输精。

8.2 精子活力监测

输精前均应进行精子活力检查，每头公猪或每批次精液产品均应随机抽样检测，并至少监测一份，精子活力应达到GB 23238的要求。可采用如下方法中的一种进行精子活力检验：

a）仪器法：按GB 23238的规定执行；

b）人工法：预热显微镜载物台恒温板至37℃，并将载玻片、盖玻片置于恒温板上；从16～17℃恒温箱取出精液，轻轻摇匀，用微量移液器取1滴（或10μL）精液滴于载玻片上，盖上盖玻片，置于显微镜下检查活力。

8.3 输精管

输精时，可采用单支独立包装的一次性无菌常规输精管或深部输精管进行输精。常规输精管由导管和海绵头组成，其结构见图2。深部输精管由外套管、海绵头、内导管及锁扣组成，其结构见图3；当深部输精管的海绵头固定在子宫颈时，内导管可以伸出海绵头继续向前延伸到深部输精要求的位置。

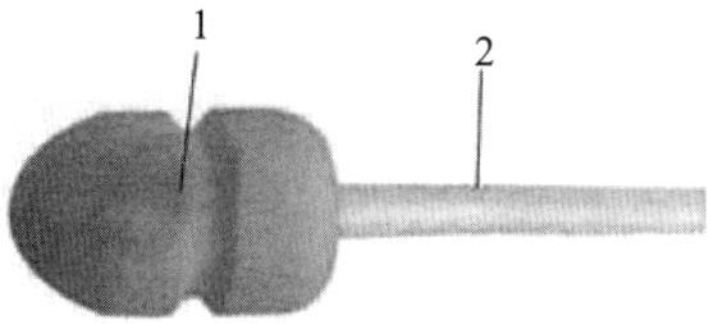

标引序号说明：
1——海绵头；　　　　　2——导管。

图2　常规输精管结构

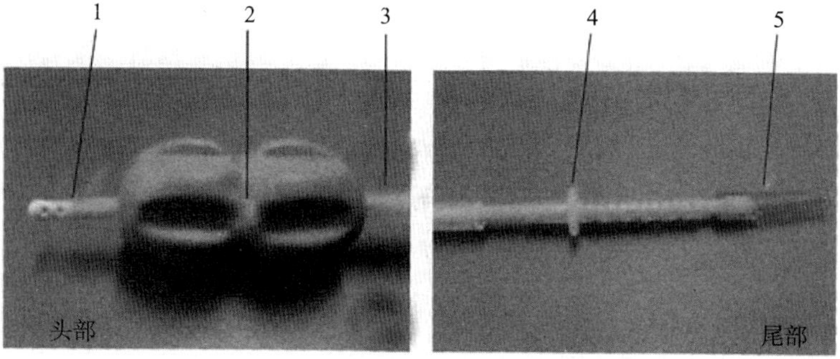

标引序号说明：
1——内导管；　　　　　4——锁扣；
2——海绵头；　　　　　5——输精口。
3——外套管；

图3　深部输精管结构图

8.4　输精程序[①]

8.4.1　常规输精程序

8.4.1.1　输精前，输精员先清洁双手并消毒，然后用一次性纸巾清洁母猪外阴及邻近部位。

8.4.1.2　撕开输精管密封袋，露出输精管海绵头部，在海绵头前端涂抹润滑剂（如输精管已经润滑剂处理，可省略）。然后，用手轻轻分开外阴，将输精管沿45°角斜向上插入母猪生殖道内，越

① 输精过程中，应避免精液强光直射和剧烈震动。

过尿道口后再水平插入，感觉有阻力时，缓慢逆时针旋转，并前后移动，当感觉输精管被子宫颈锁定时，即可准备输精。

8.4.1.3 从精液储存箱中取出备好的精液瓶（袋），确认公猪品种、耳号等信息后，缓慢颠倒混匀精液，掰开瓶嘴（或撕开袋口），与输精管相连。

8.4.1.4 根据母猪对输精和人工刺激的反应，通过调节输精瓶（袋）的高低控制输精速度，一般于3～10min完成输精。每次授精的输精量和前向运动精子数按照GB 23238的规定执行。

8.4.1.5 当输精管内精液完全进入母猪子宫体后，降低输精瓶（袋）位置并保持约15s，观察精液是否回流。若有倒流，再提起输精瓶（或袋），直至全部精液彻底进入母猪子宫体。

8.4.1.6 为防止空气进入母猪生殖道，输精管应在生殖道内滞留5min以上，由其慢慢自然滑落。

8.4.2 子宫体深部输精程序

8.4.2.1 按8.4.1.1做好准备。

8.4.2.2 取出深部输精管，按8.4.1.2的操作将输精管外套管插入生殖道，并保证内导管头部位于外套管内。当感觉海绵头被子宫颈锁定时，暂停操作2～3min，使母猪子宫颈充分放松。在输精管慢慢插入过程中，逐渐除去外包装袋，以避免输精管被污染。

8.4.2.3 分次轻轻向前推动内导管，每次推入长度不宜超过2cm。前行如遇阻力，可轻微外拉或旋转再继续插入。当内导管前插阻力消失时，表明内导管前端已经抵达子宫体，继续向前轻轻插入，再次感觉到阻力时，表明内导管前端已抵达子宫壁，应停止插入，回撤2cm左右，用锁扣固定内导管，准备输精。

8.4.2.4 按8.4.1.3操作，将精液瓶嘴（或袋口）连接至内导管末端输精口。

8.4.2.5 挤压输精瓶（或袋）使精液输入子宫体，一般可在

30s内完成输精；如遇挤压困难，应略微回撤内导管或使母猪放松1～2min，再次挤压输精瓶（或袋），以完成输精。每次授精的输精量和前向运动精子数按照GB 23238的规定执行。

8.4.2.6　精液瓶（袋）中精液排空后，先将内导管缓慢撤入外套管内，让输精管在生殖道内滞留5min以上，然后慢慢拉出体外。

9　证实方法

采精后，应及时进行精液品质检查，并记录种公猪耳号、品种、采精日期、采精量、颜色、气味等采精信息，以及精子活力、精子密度、畸形精子率等精液品质信息。所有采精及精液品质检测记录见附录A中的表A.1。

输精后，应及时记录母猪耳号、胎次、发情日期（出现静立反射的日期）、静立反射和预产期等信息，以及每一次输精的公猪耳号、输精时间以及输精员等信息。输精记录见表A.2。

附录A

（资料性）

精液采集、品质检查及输精记录

公猪精液采集及品质检查记录表见表A.1，输精记录见表A.2。

表A.1　公猪精液采集及品质检查记录表

采精日期	公猪号	公猪品种	采精时间	颜色	气味	采精员	采精量/mL	精子活力	精子密度/10^8个·mL^{-1}	精子畸形率/%	检验员	备注

表A.2　输精记录表

母猪号	断奶日期	胎次	出现静立反射日期	第1次输精				第2次输精				第3次输精				预产期	输精员
				公猪号	输精时间	静立反射	精液倒流	公猪号	输精时间	静立反射	精液倒流	公猪号	输精时间	静立反射	精液倒流		

附录3

猪活体背膘厚和眼肌面积的测定 B型超声波法

中华人民共和国农业行业标准（NY/T 2894—2016）

前　言

本标准按照GB/T 1.1—2009给出的规则起草。

本标准由农业部畜牧业司提出。

本标准由全国畜牧业标准化技术委员会（SAC/TC 274）归口。

本标准起草单位：华中农业大学、农业部种猪质量监督检验测试中心（武汉）、农业部种猪质量监督检验测试中心（重庆）、上海市畜牧技术推广中心、农业部种猪质量监督检验测试中心（广州）、山东省种猪生产性能测定站、河北省种猪生产性能测定站。

本标准主要起草人：倪德斌、刘望宏、吴昊旻、胡军勇、陈主平、陆雪林、陈迎丰、刘展生、倪俊卿、王可甜、刘建营、闫先峰、王贵江、陈四清。

猪活体背膘厚和眼肌面积的测定　B型超声波法

1　范围

本标准规定了用B型超声设备测定猪活体背膘厚和眼肌面积的方法。

本标准适用于瘦肉型猪；其他经济类型猪可参照使用。

2　规范性引用文件

下列文件对于本文件的应用是必不可少的。凡是注日期的引用文件，仅注日期的版本适用于本文件。凡是不注日期的引用文件，其最新版本（包括所有的修改单）适用于本文件。

GB/T 8170　数值修约规则与极限数值的表示和判定

3　术语和定义

下列术语和定义适用于本文件。

3.1　活体背膘厚　backfat depth on living pig

按照规定的部位和方法测量的活体背部脂肪层（含皮层）扫描断面的深度，单位为毫米（mm）。

3.2　活体眼肌高度　loin muscle depth on living pig

按照规定的部位和方法测量的活体背最长肌扫描断面的深度（含表层筋膜），单位为毫米（mm）。

3.3　活体眼肌面积　loin muscle area on living pig

按照规定的部位和方法测量的活体背最长肌扫描横断面的面积（含表层筋膜），单位为平方厘米（cm^2）。

3.4　平行法　parallel method

按照规定的部位，保持B超线阵探头方向与受测猪背中线方向平行的测定方法。适合于活体背膘厚和活体眼肌高度的同时测定。

3.5　垂直法　vertical method

按照规定的部位，保持B超线阵探头方向与受测猪背中线方向垂直的测定方法。适合于活体背膜厚和活体眼肌面积的同时测定。

4　要求

4.1　测定设备

4.1.1　选用的B型超声设备应满足下列条件：

a）扫描深度应大于或等于170mm；

b）测量精度应小于或等于1mm；

c）探头应为3.5MHz线阵探头，其长度应大于120mm，并配备与之相配套的马鞍型硅胶模；

d）耦合剂宜使用医用超声耦合剂超声胶，也可用石蜡油或植物油等代替。

4.1.2　宜采用专门设备进行保定，使受测猪保持背腰平直的站立姿势。

4.2　结测体重

宜控制在85～105kg以内。

4.3　测定部位

左侧倒数第3根至第4根肋骨之间，距背中线5cm处。

4.4　剔毛

若涂抹的耦合剂不能立即渗入被毛，则宜剔除测定部位的被毛。

5　测定方法与操作步骤

5.1　测定前的准备

5.1.1　预热

连接设备各部件，接通电源，开机确认设备运行正常。设置或调整设备相关参数，按设备要求进行预热。

5.1.2　称重

将受测猪赶入已校准的活体称量设备内，称重并记录。

5.1.3　保定

应满足4.1.2的要求。

5.2 平行法

5.2.1 耦合剂涂抹

受测猪保定后，由左侧胸腰结合部、距背中线5cm处向肩部涂抹，长度约15cm。

5.2.2 影像获取

将探头置于涂有耦合剂的测定部位，使探头距背中线5cm，并保持与背中线平行、密合，且垂直于皮肤，参见图A.1。边向肩部移动探头边观察B超显示的影像，直至倒数第1根至第4根肋骨均清晰可见（自上而下分别是皮肤与脂肪层、筋膜与眼肌层、肋骨）时，冻结影像，参见图A.2。

5.2.3 信息输入

输入品种代码、个体号、影像编号等信息。

5.2.4 测量起止点确定

5.2.4.1 活体背膘厚测量起止点位于影像中垂直于倒数第3根至第4根肋骨之间的纵线上，起点是皮肤层上缘与耦合剂形成的灰线，止点是眼肌上缘筋膜层形成的白色亮带中间点，参见图A.3。

5.2.4.2 活体眼肌高度测量起止点位于影像中垂直于倒数第3根至第4根肋骨间的纵线上，起点是活体背膘测量的止点，止点是眼肌下缘筋膜层形成的白色亮带中间点，参见图A.3。

5.2.5 测量

5.2.5.1 活体背膘厚测量

按照设备操作指南选取“距离测量”功能，弹出测量光标。将光标平移至活体背膘厚测量的起点，按测量键，将光标由起点垂直向下至止点，显示值即为受测猪的活体背膘厚，参见图A.3。

5.2.5.2 活体眼肌高度测量

按照设备操作指南选取“距离测量”功能，弹出测量光标。将光标定位在活体眼肌高度的测量起点，按测量键，将光标由起点垂直向下至止点，显示值即为受测猪的活体眼肌高度，参见图A.3。

5.2.6　影像保存

测量完毕，保存所测量的影像。

5.3　垂直法

5.3.1　探头固定

在马鞍型硅胶模内槽涂抹耦合剂，装入探头，确认二者密合并固定。

5.3.2　耦合剂涂抹

受测猪保定后，将耦合剂涂抹于倒数第3根至第4根肋骨处（距胸腰结合部约15cm，可用触摸肋骨的方式确定），由背中线左侧开始，垂直向下涂抹，长约15cm。

5.3.3　影像获取

将探头置于涂有耦合剂的测定部位，使探头方向与背中线垂直，参见图A.4。边缓慢向左侧移动，边观察B超显示的影像（自上而下分别是硅胶模、皮肤与脂肪层、筋膜与眼肌层），探头的中部宜保持与背中线约为5cm的距离，至眼肌轮廓完整清晰时，冻结影像，参见图A.5。

5.3.4　信息输入

同5.2.3。

5.3.5　测量起止点确定

5.3.5.1　活体背膘厚测量起止点位于影像中亮白弧线中间点的纵线上，起点为影像中最上端亮白弧线顶部的上缘（通常为弧线的中间），止点为眼肌上缘筋膜层形成的白色亮带中间点，参见图A.6。

5.3.5.2　活体眼肌面积测量起止点位于影像中眼肌筋膜形成的、近似椭圆形的亮白弧线上，此亮白弧线上的任意一点均可作为起点，止点应与起点完全重合，参见图A.6。

5.3.6 测量

5.3.6.1 活体背膘厚测量

按照设备操作指南选取"距离测量"功能，弹出测量光标。将光标平移至活体背膘厚的测量起点，按测量键，将光标由起点垂直向下至止点，显示值即为受测猪的活体背膘厚，参见图A.6。

5.3.6.2 活体眼肌面积测量

按照设备操作指南选取"面积测量"功能，弹出测量光标。将光标移至影像中眼肌筋膜形成的、近似椭圆形的亮白弧线上任意点，按测量键，沿亮白弧线顺时针方向描绘，至与起点完全重合，显示值即为受测猪的活体眼肌面积，参见图A.6。

5.3.7 影像保存

同5.2.6。

5.4 测量误差

活体背膘厚、活体眼肌高度的测量误差应在1mm（含1mm）以内；活体眼肌面积的测量误差应在$4cm^2$（含$4cm^2$）以内。

6 注意事项

6.1 应保持受测猪背腰部平直。剧烈运动时，不宜获取影像。获取影像时，应保持探头与猪体表密合良好，探头垂直于测定部位的皮肤，下压力度适中。

6.2 测量时，移动测量光标应平稳、垂直；背膘厚、眼肌高度的起止点应正确。

6.3 应按照设备要求规范操作，正确使用设备，防止探头与主机遭受碰撞、摔打和污染。

7 结果表述

7.1 原始数据记录时，应与设备显示的有效数值完全一致，不得增减。测定结果保留的小数位数、计量单位应执行7.2～7.4的规定。

7.2　活体背膘厚需校正时，计算值保留1位小数，单位为毫米（mm）；校正公式由B.1给出。

7.3　活体眼肌面积需校正时，计算值保留2位小数，单位为平方厘米（cm^2）；校正公式由B.2给出。

7.4　活体眼肌高度的结果应保留1位小数，单位为毫米(mm)。

7.5　计算值均应按照GB/ T 8170的规定进行修约。

附录A
（资料性附录）
活体测定示意图

A.1 平行法

平行法的测定部位见图A.1；实测的超声影像见图A.2；测量起止点见图A.3。

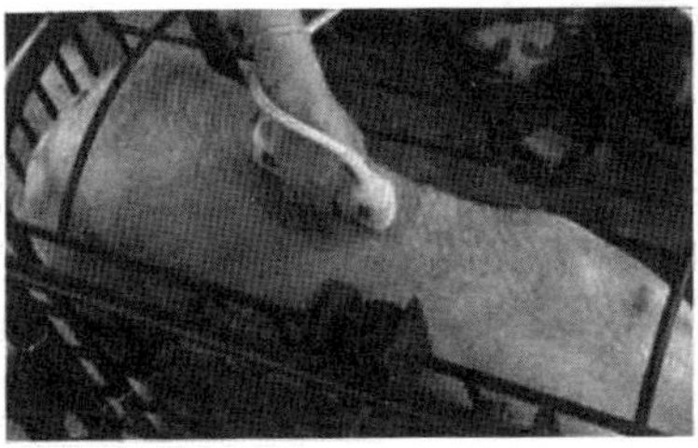

图A.1 测定部位

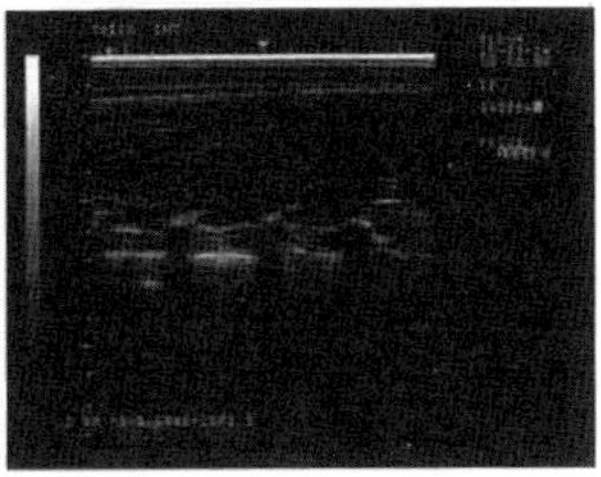

图A.2 实测的超声影像

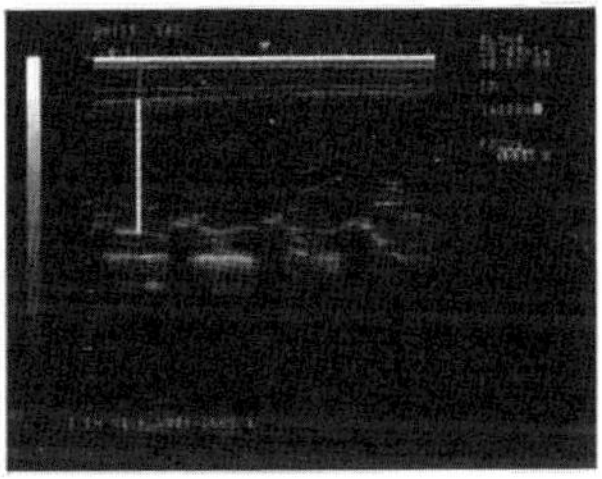

图A.3 测量起止点

A.2 垂直法

垂直法的测定部位见图A.4；实测的超声影像见图A.5；测量起止点见图A.6。

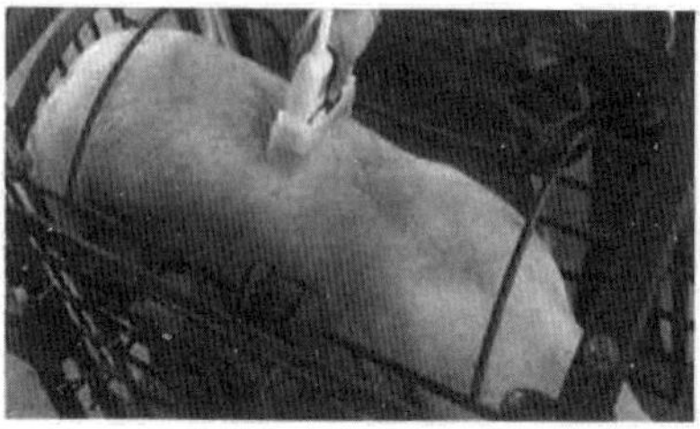

图A.4　测定部位

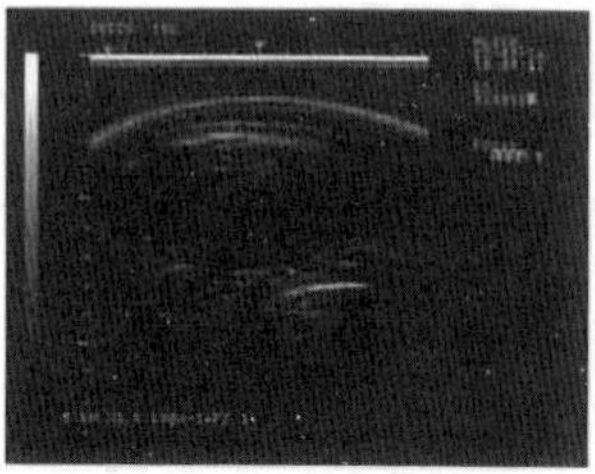

图A.5　实测的超声影像

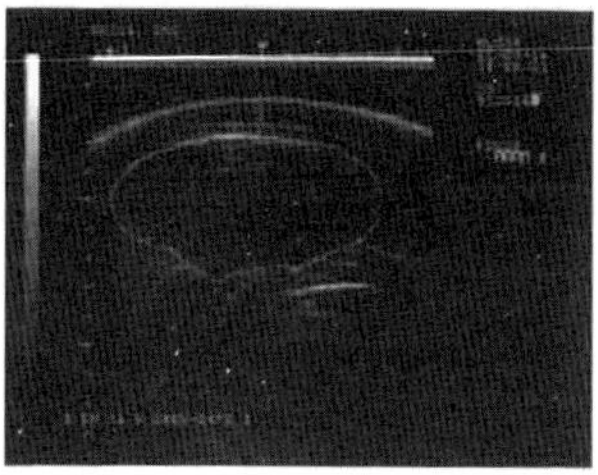

图A.6　测量起止点

附录B

（规范性附录）

达100 kg体重活体背膘厚、眼肌面积的校正

B.1　达100 kg体重背膘厚的校正

按式（B.1）计算。

$$\text{校正达100kg体重背膘厚（mm）}=\text{实测背膘厚（mm）}\times CF \quad (B.1)$$

其中，CF按式（B.2）计算，计算所需的A值和B值由表B.1给出。

$$CF=\frac{A}{A+B\times(\text{实测体重}-100)} \quad (B.2)$$

表B.1　按式（B.2）计算所需的A值和B值一览表

品种	公猪		母猪	
	A	B	A	B
大约克夏猪	12.402	0.106 530	13.706	0.119 624
长白猪	12.826	0.114 379	13.983	0.126 014
汉普夏猪	13.113	0.117 620	14.288	0.124 425
杜洛克猪	13.468	0.111 528	15.654	0.156 646
其他类型	根据其性能特征参照以上品种特征执行			

B.2　达100 kg体重眼肌面积的校正

按式（B.3）计算。

$$\text{100kg体重眼肌面积（cm}^2\text{）}=\text{实测眼肌面积（cm}^2\text{）}+[100-\text{测定当天称量的实际体重（kg）}]\times\frac{\text{实测眼肌面积}}{\text{实测眼肌面积}+155} \quad (B.3)$$

式中，155为所有性别受测个体眼肌面积的换算系数。